零起步学

变频技术

孙克军 主 编

孙会琴 井成豪 副主编

化学工业出版社

· 北京 ·

内 容 提 要

本书内容包括变频调速基础知识、变频器基础知识、变频调速系统、变频器及外围设备的选择、变频器的安装及布线、变频器的使用、变频器的应用实例、变频器的维护与保养、变频器常见故障与对策、变频器维修实例等。

本书可作为在生产一线从事变频器工程应用、维护的初、中级工程技术人员的必备读物，也可供高职、中职院校的电气、机电类相关专业的师生参考。

图书在版编目（CIP）数据

零起步学变频技术/孙克军主编. —北京：
化学工业出版社，2020.5
ISBN 978-7-122-36199-8

Ⅰ.①零… Ⅱ.①孙… Ⅲ.①变频技术
Ⅳ.①TN77

中国版本图书馆 CIP 数据核字（2020）第 025308 号

责任编辑：高墨荣   装帧设计：刘丽华
责任校对：张雨彤

出版发行：化学工业出版社（北京市东城区青年湖南街 13 号   邮政编码 100011）
印   装：三河市延风印装有限公司
710mm×1000mm   1/16   印张 16½   字数 284 千字   2020 年 7 月北京第 1 版第 1 次印刷

购书咨询：010-64518888   售后服务：010-64518899
网   址：http://www.cip.com.cn
凡购买本书，如有缺损质量问题，本社销售中心负责调换。

定   价：58.00 元   版权所有   违者必究

前　言

变频器是应用变频技术与微电子技术，通过改变电动机工作电源频率的方式来控制交流电动机转速的电力控制设备。由于变频器具有调速范围宽、调速精度高、动态响应快、运行效率高、功率因数高、操作方便且便于同其他设备接口等一系列优点，所以在各行各业中的应用越来越广泛，已成为改造传统工业、改善工艺流程、提高生产过程自动化水平、提高产品质量、节约能源、推动技术进步的主要技术手段之一，也是国际上更新换代最快的技术领域之一。

由于变频器技术发展快，知识含量高，技术复杂，如何正确使用好变频器，最大限度地发挥变频器的功能，以及如何维护维修好变频器，是广大变频器用户所关心的问题。本书将从通用变频器应用技术的角度出发，通俗并全面地介绍与变频器相关的各种基础知识。全书内容包括变频调速基础知识、变频器基础知识、变频调速系统、变频器及外围设备的选择、变频器的安装及布线、变频器的使用、变频器的应用实例、变频器的维护与保养、变频器常见故障与对策、变频器维修实例等。书中列举了大量实例，详细介绍了变频器使用入门与技巧，这些实例具有很强的针对性、实用性和可操作性，以方便广大读者在应用、选型及维护技术方面参考使用。

本书由孙克军主编，孙会琴、井成豪副主编。第 1 章由孙克军编写，第 2 章由孙会琴编写，第 3 章由陈明编写，第 4 章由王忠杰编写，第 5 章由薛增涛编写，第 6 章由王晓毅编写，第 7 章由井成豪编写，第 8 章由王晓晨编写，第 9 章和第 10 章由杜增辉编写。编者对关心本书出版、热心提出建议和提供资料的单位和个人在此一并表示衷心的感谢。

由于水平有限，书中难免存在不妥，敬请广大读者批评指正。

编者

目　录

3

变频调速系统 ·· **049**

视频页码

049,050,051,
052,053,058

4

变频器及外围设备的选择 ································ **066**

5

变频器的安装及布线 …………………………… **105**

6

视频页码
124,125,128,
129,130

7

8

变频器的维护与保养 ································ **190**

9

10

视频讲解明细清单

1

变频调速基础知识

1.1 变频器概述

1.1.1 什么是变频器

变频器是一种静止的频率变换器，它是利用电力半导体器件的通断作用将工频电源变换为另一频率的电能控制装置。变压器也是电能转换器，与变频器的不同点是它仅改变电压，不改变频率；变频器则既改变频率，又改变电压（满足 U/f 控制规律）。

变频器由电力电子器件（IGBT 模块）、电子器件（集成电路、开关电源、电阻、电容）、微处理器（CPU）等组成。变频器接在电源输入端（L1、L2、L3）和电动机输入端（U、V、W）之间，如图 1-1 所示。

图 1-1　变频器在电路中的位置

1.1.2 变频器的主要用途与特点

变频器的功能是将工频电源转换成设定频率的电源来驱动电动机运行。一般的电动机控制电路只能对电动机进行启动、停止、正传和反转等控制，一些调速控制电路也只能对电动机进行几挡不连续的转速调节，而变频器除了具有前述一般控制线路对电动机的控制功能外，还具有一些智能控制功能（例如：变频器能使电动机实现软启动、软停车、无级调速及特殊要求的加、减速特性等；调速过程中有显著的节电效果，具有过流、短路、过压、欠压、过载、接地等保护功能，具有各种预警、信息预报、故障诊断功能；具有通信接口，便于组网控制）。

交流电动机变频调速技术是当今节电、改善工艺流程以提高产品质量和改善环境、推动技术进步的一种主要手段。变频调速以其优异的调速和启/制动性能、高效率、高功率因数、良好的节电效果、广泛的适用范围及其他许多优点而被公认为最有发展前途的调速方式。

变频器不仅可以作为交流电动机的电源装置，实现变频调速，还可以用于中频电源加热器、不间断电源（UPS）、高频淬火机等。

由于变频器具有体积小、重量轻、精度高、工艺先进、功能丰富、保护齐全、可靠性高、操作简便、通用性强、易形成闭环控制等优点，因此它优于以往的任何调速方式，如变极调速、调压调速、转差调速、串级调速等，因而深受钢铁、石油、化工、化纤、纺织、机械、电力、建材、煤炭、医药、造纸、城市供水及污水处理等行业的欢迎。

1.2 三相异步电动机变频调速概述

1.2.1 三相异步电动机的基本结构

三相异步电动机主要由两大部分组成：一个是静止部分，称为定子；另一个是旋转部分，称为转子。转子装在定子腔内，为了保证转子能在定子内自由转动，定、转子之间必须有一定的间隙，称为气隙。此外，在定子两端还装有端盖等。笼型三相异步电动机的结构如图 1-2 所示，绕线转子三相异步电动机的结构如图 1-3 所示。

（1）定子
定子主要由机座、定子铁芯、定子绕组三部分组成。
① 机座　机座是电动机的外壳和支架，它的作用是固定和保护定子铁芯及

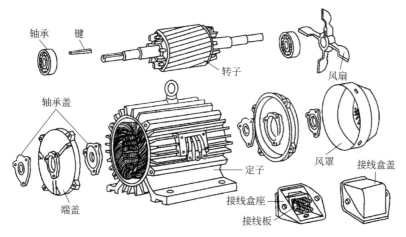

图 1-2　笼型三相异步电动机的结构

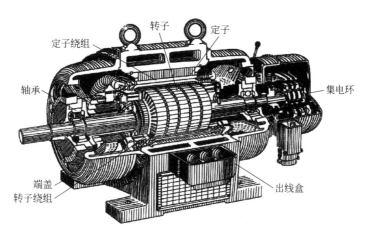

图 1-3　绕线转子三相异步电动机的结构

定子绕组并支撑端盖。中小型异步电动机的机座一般都采用铸铁铸成，小机座也有用铝合金铸成的。大型异步电动机的机座大多采用钢板焊接而成。机座上设有接线盒，用以连接绕组引线和接入电源。为了便于搬运，在机座上面还装有吊环。

　　② 定子铁芯　定子铁芯是电动机的磁路的一部分，一般用 0.5mm 厚的硅钢片叠压而成。定子硅钢片的表面涂有绝缘漆或硅钢片经氧化处理表面形成氧化膜，使片间相互绝缘，以减小交变磁通引起的涡流损耗。定子铁芯直径小于 1m 时，用整圆硅钢冲片；定子铁芯直径大于 1m 时，用扇形冲片拼成。在定子冲片的内圆均匀地冲有许多槽，用以嵌放定子绕组。

③ 定子绕组　定子绕组是电动机的电路部分。三相异步电动机有三个独立的绕组（即三相绕组），每相绕组包含若干线圈，每个线圈又由若干匝构成。中小型电动机的线圈一般采用高强度漆包圆铜线绕制而成，大中型电动机一般采用外层包有绝缘的扁铜线做成成型线圈。三相绕组按照一定的规律依次嵌放在定子槽内，并与定子铁芯之间绝缘。定子绕组通以三相交流电时，便会产生旋转磁场。

(2) 转子

转子由转子铁芯、转子绕组和转轴三部分组成。

① 转子铁芯　转子铁芯也是电动机磁路的一部分，一般用 0.5mm 厚的硅钢片叠压而成，在硅钢片的外圆上均匀地冲有许多槽，用以浇铸铝条或嵌放转子绕组。转子铁芯压装在转轴上。

② 转子绕组　转子绕组分为笼型和绕线型两种：

a.笼型转子绕组　该绕组是由插入每个转子铁芯槽中的裸导条与两端的环形端环连接组成。如果去掉铁芯，整个绕组就像一只笼子，故称为笼型转子绕组。中小型异步电动机的笼型转子绕组，一般都用熔化的铝液浇入转子铁芯槽中，并将两个端环与冷却用的风扇翼浇注在一起。对于容量较大的异步电动机，由于铸铝质量不易保证，常用铜条插入转子槽中，再在两端焊上端环。

b.绕线型转子绕组　绕线型转子绕组与定子绕组相似，也是把绝缘导线嵌入槽内，接成三相对称绕组，一般采用星形（Y）连接，三根引出线通过转轴内孔分别接到固定在转轴上的三个铜制的互相绝缘的集电环（俗称滑环）上，转子绕组可以通过集电环和电刷与外接变阻器相连，用以改善电动机的启动性能或调节电动机的转速。

③ 转轴　转轴一般由中碳钢制成，它的作用主要是支承转子，传递转矩，并保证定子与转子之间具有均匀的气隙。气隙也是电动机磁路的一部分，气隙越小，功率因数越高，空载电流越小。中小型异步电动机的气隙为 0.2～1mm。气隙太小，会使定子铁芯与转子铁芯发生"扫膛"现象，并给装配带来困难，因此电动机的气隙量是经过周密计算的。

1.2.2　三相异步电动机的工作原理

三相异步电动机工作原理的示意图如图 1-4 所示。在一个可旋转的马蹄形磁铁中，放置一个可以自由转动的笼型转子（笼型绕组），如图1-4（a）所示。当转动马蹄形磁铁时，笼型绕组就会跟着它向相同的方向旋转。这是因为磁铁转动时，它的磁场与笼型绕组中的导体（即导条）之间产生相对运动，若磁场顺时针方向旋转，相当于转子导体逆时针方向切割磁力线，根据右手定则可以确定转子导体中感应电动势的方向，如图1-4（b）所示。由于导体两端被金属端环短路，因此在感应电动势的作用下，导体中就有感应电流流过，如果不考虑导体中电流与电动势的相位差，则导体中感应电流的方向与感应电动势的方向相同。这些通有感应电流的导体在磁场中会受到电磁力 f 的作用，导体受力方向可根据左手定则确定。因此，在图1-4（b）中，N极范围内的导体受力方向向右，而S极范围内的导体的受力方向向左，这是一对大小相等、方向相反的力，因此就形成了电磁转矩 T_e，使笼型绕组（转子）朝着磁场旋转的方向转动起来。这就是异步电动机的简单工作原理。

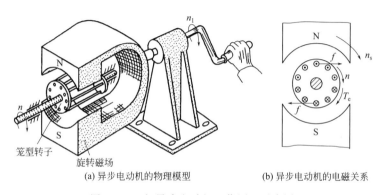

(a) 异步电动机的物理模型　　　　　(b) 异步电动机的电磁关系

图 1-4　三相异步电动机工作原理示意图

实际的三相异步电动机是利用定子三相对称绕组通入三相对称电流而产生旋转磁场的，这个旋转磁场的转速 n_s 又称为同步转速。三相异步电动机转子的转速 n 不可能达到定子旋转磁场的转速，即电动机的转速 n 不可能达到同步转速 n_s。因为，如果达到同步转速，则转子导体与旋转磁场之间就没有相对运动，因而在转子导体中就不能产生感应电动势和感应电流，也就不能产生推动转子旋转的电磁力 f 和电磁转矩 T_e，所以，异步电动机的转速总是低于同步转速，即两种转速之间总是存在差异，异步电动机因此而得名。由于转子电流是由感应产生的，故这种电动机又称为感应电动机。

旋转磁场的转速为

$$n_s = \frac{60 f_1}{p}$$

可见，旋转磁场的转速 n_s 与电源频率 f_1 和定子绕组的极对数 p 有关。

例如：一台三相异步电动机的电源频率 $f_1=50\mathrm{Hz}$，若该电动机是四极电动机，即电动机的极对数 $p=2$，则该电动机的同步转速 $n_s=\dfrac{60f_1}{p}=\dfrac{60\times50}{2}=1500$ (r/min)，而该电动机的转速 n 应略低于 1500r/min。

1.2.3 三相异步电动机旋转磁场的产生及特点

(1) 旋转磁场的产生

图 1-5 为三相异步电动机定子绕组的示意图。在图 1-5（a）中，导体 U1（A）与导体 U2（X）组成一个线圈，导体 V1（B）与 V2（Y）、W1（C）和 W2（Z）分别组成另外两个线圈，三个线圈在空间互相相隔 120°，每个线圈为一相绕组，三相绕组按图 1-5（b）接成星形，并把各相的首端 U1、V1、W1 接到三相交流电源上，则就有三相交流电流通过相应的定子绕组。（注：本书中的三相绕组 U、V、W 分别与电工原理中的 A、B、C 对应，三相绕组的首端 U1、V1、W1 分别与电工原理中的 A、B、C 对应，三相绕组的末端 U2、V2、W2 分别与电工原理中的 X、Y、Z 对应）。

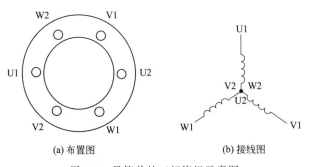

(a) 布置图 (b) 接线图

图 1-5 最简单的三相绕组示意图

设在绕组中通过的三相对称电流的变化规律为

$$i_U=I_m\cos\omega t$$
$$i_V=I_m\cos(\omega t-120°)$$
$$i_W=I_m\cos(\omega t-240°)$$

式中　ω——定子电流的角频率，$\omega=2\pi f_1$，rad/s；

　　　f_1——定子电流的频率，Hz；

　　　t——时间，s。

各相电流随时间变化的曲线如图 1-6 所示。

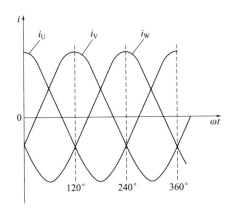

图 1-6　三相对称电流

假定三相交流电流为正值时，电流从绕组的首端流进（即电流从导体 U1、V1、W1 流入纸面，用符号⊗表示），而从绕组的末端流出（即从导体 U2、V2、W2 流出纸面，用符号⊙表示）。当电流为负值时，则方向相反。当线圈通过电流时，就产生磁场。因为通的是交变电流，故线圈产生的磁场也是交变的。下面具体观察在几个不同瞬时定子三相绕组产生的合成磁场。

当 $\omega t = 0°$ 时，由图 1-6 可以看出，$i_U = I_m$，因为 i_U 为正值，所以电流从导体 U1 流入纸面，从导体 U2 流出纸面；$i_V = -\frac{1}{2} I_m$，因为 i_V 为负值，电流从导体 V2 流入纸面，从导体 V1 流出纸面；$i_W = -\frac{1}{2} I_m$，因为 i_W 为负值，所以电流从导体 W2 流入纸面，从导体 W1 流出纸面。应用右手螺旋定则，可以确定合成磁场的方向。图 1-7（a）表示这一瞬时三相绕组电流的分布情况及产生的合成磁场的方向。

当 $\omega t = 120°$ 时，由图 1-6 可知，$i_U = -\frac{1}{2} I_m$，$i_V = I_m$，$i_W = -\frac{1}{2} I_m$。因为 i_V 为正值，i_U 和 i_W 为负值。此时三相绕组电流分布情况及所产生的合成磁场如图 1-7（b）所示。合成磁场比 $\omega t = 0°$ 时在空间沿顺时针方向转过了 $120°$。

当 $\omega t = 240°$ 时，由图 1-6 可知，$i_U = -\frac{1}{2} I_m$，$i_V = -\frac{1}{2} I_m$，$i_W = I_m$，因为 i_W 为正值，i_U 和 i_V 为负值。此时三相绕组电流分布情况及所产生的合成磁场如图 1-7（c）所示。合成磁场比 $\omega t = 0°$ 时在空间沿顺时针方向转过了 $240°$。

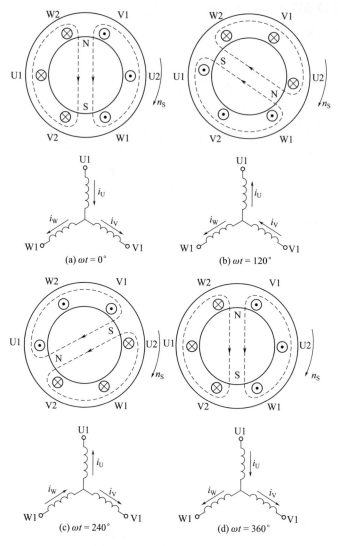

图 1-7 两极旋转磁场的产生

(下边为电流的时间相量图，上边为磁场分布图)

当 $\omega t = 360°$ 时，由图 1-6 可知，$i_U = I_m$，$i_V = -\dfrac{1}{2}I_m$，$i_W = -\dfrac{1}{2}I_m$。因为 i_U 为正值，i_V 和 i_W 为负值。此时三相绕组电流分布情况及所产生的合成磁场如图 1-7（d）所示。合成磁场比 $\omega t = 0°$ 时在空间沿顺时针方向转过了 $360°$。

电流不断地变化，合成磁场的方向也不断旋转。由此得出结论：三相对称绕组（对两极电动机而言，它们的空间位置互差 $120°$）中通入三相对称电流产生的磁场是一个旋转磁场。

(2) 旋转磁场的旋转方向

旋转磁场的旋转方向决定于三相电流的相序（即三相电流出现最大值的顺序）。如图 1-6 和图 1-7 所示，三相电流按相序 U—V—W 轮流达到最大值，合成磁场就顺着 U—V—W 三相绕组排列的方向（顺时针方向）转动；假如电流相序改为 U—W—V 或 V—U—W，合成磁场就按 U—W—V 或 V—U—W 三相绕组排列的方向（逆时针方向）旋转。因此，只要把三相异步电动机三根电源线中任意两根线对调一下，使绕组中电流相序改变，磁场旋转方向就随之改变。

由三相异步电动机的工作原理可知，电动机的旋转方向（即转子的旋转方向）与三相定子绕组产生的旋转磁场的旋转方向相同。倘若要想改变电动机的旋转方向，只要改变旋转磁场的旋转方向就可实现。即只要调换三相电动机中任意两根电源线的位置，就能达到改变三相异步电动机旋转方向的目的，如图 1-8 所示。

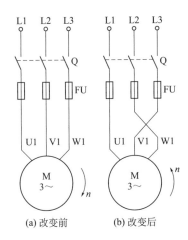

图 1-8　改变三相异步电动机旋转方向的方法

(3) 旋转磁场的转速

在图 1-5 中，定子铁芯只有 6 个槽，每相绕组只由一个线圈组成。三相电流产生的合成磁场只有一个 N 极，一个 S 极，即一对磁极（磁极对数 $p=1$）。由图 1-7（a）到图 1-7（b），电流变化了 $120°$，旋转磁场在空间转了 $120°$；由图 1-7（b）到图 1-7（c），电流变化了 $120°$，旋转磁场在空间也转 $120°$，可以推理，当电流变化一个周期（即 $360°$），旋转磁场也在空间转了一圈（即 $360°$）。若三相交流电的频率 f_1 为 $50Hz$（即每秒变化 50 周），则旋转磁场在空间每秒也旋转 50 转，因此对两极电动机而言，旋转磁场每秒的转数与三相交流电频率的数值相同。如用 n_s 表示旋转磁场的转速（每分钟转数），则 $n_s=60f_1$。

既然一套 U、V、W 线圈通以三相交流电能产生一个 2 极旋转磁场，那么沿定子圆周布置两套 U、V、W 线圈通以三相交流电之后就能产生一个 4 极旋转磁场。图 1-9 就是这个 4 极定子绕组的原理接线图，沿定子圆周有 12 个槽，共嵌有两套 U、V、W 线圈，每相绕组由两个线圈串联（或并联）构成，三相绕组为星形连接。将三相交流电通入该三相绕组后，便产生一个 4 极旋转磁场。

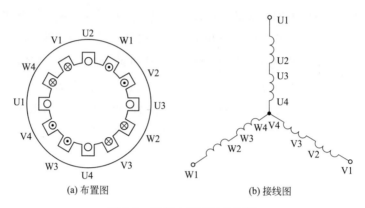

(a) 布置图　　　　　　　　　　　　　(b) 接线图

图 1-9　三相 4 极绕组示意图

图 1-10 表示了当 $\omega t = 0°$、$120°$、$240°$、$360°$时的定子合成磁场分布情况。由图 1-10 中可以看出，当电流从 $0°$ 到 $120°$ 变化了 $120°$ 时，合成磁场只在空间旋转

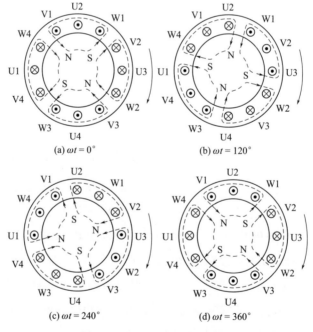

(a) $\omega t = 0°$　　　　　　　　　　(b) $\omega t = 120°$

(c) $\omega t = 240°$　　　　　　　　　(d) $\omega t = 360°$

图 1-10　四极旋转磁场的产生

了 60°；当电流从 120°到 240°变化了 120°时，合成磁场仅在空间旋转了 60°。可见，当电流变化一个周期，旋转磁场只转过半圈（即 180°）。因此，4 极旋转磁场（磁极对数 $p=2$ 的旋转磁场）每分钟的转速为 $n_s=60f_1/2$。以此类推，当旋转磁场具有 p 对磁极（即定子绕组的极数为 $2p$）时，旋转磁场的转速为

$$n_s=\frac{60f_1}{p}$$

式中　n_s——旋转磁场的转速，r/min；

　　　f_1——电源频率，Hz；

　　　p——磁极对数（例如：对于 4 极电动机，磁极数＝4，极对数＝2）。

可见，旋转磁场的转速 n_s 与电源频率 f_1 和定子绕组的极对数 p 有关。

1.2.4　三相异步电动机的转差率

由三相异步电动机的工作原理可知，异步电动机的转速（转子旋转速度）n 总是略低于旋转磁场的转速（同步转速）n_s，旋转磁场的转速 n_s 与转子转速 n 之差称为转差，用 Δn 表示。转差 Δn 与同步转速 n_s 的比值称为转差率，用字母 s 表示，即

$$s=\frac{\Delta n}{n_s}=\frac{n_s-n}{n_s}$$

通常用百分数表示转差率，则

$$s=\frac{n_s-n}{n_s}\times100\%$$

转差率是异步电动机的重要参数之一，在分析异步电动机的运行状态时非常有用。当三相异步电动机在额定负载下运行时，转差率 s 约为 2%～5%。电动机功率越大，效率越高，转差率越小。

根据上式可写出 $n=(1-s)n_s$ 的关系式。所以，只要知道旋转磁场的同步转速，或者电动机的极数，便可估算出电动机的转速。

【例 1-1】 一台三相异步电动机的电源频率 $f=50Hz$，若该电动机是 4 极电机、额定转差率 $s_N=0.02$，试求该电动机的同步转速和电动机的额定转速。

解：因为该电动机为 4 极电机，即电动机的极对数 $p=2$，所以该电动机的同步转速为

$$n_s=\frac{60f}{p}=\frac{60\times50}{2}=1500(r/min)$$

而该电动机的额定转速为

$$n_N = (1-s_N)n_s = (1-0.02)\times1500 = 1470(r/min)$$

转差率是表征感应电动机运行状态和运行性能的一个基本变量。不难看出，当转子转速 $n=0$ 时，转差率是 $s=1$；当转子转速等于同步转速时，转差率 $s=0$。

1.2.5 三相异步电动机的调速方法

直流电动机具有优良的调速性能，在对调速性能要求较高的场合，多应用直流电动机进行拖动。然而，直流电动机也存在致命的弱点：直流换向所产生的火花限制了直流电动机向高速、大容量发展。近年来，随着电力电子技术、微电子技术、计算机技术、自动控制技术的飞速发展，交流调速技术亦趋发展，有取代直流调速的趋势。

交流调速在工业应用中大体上有三个领域：

① 凡是能用直流调速的场合，都能改用交流调速；

② 直流调速达不到的，如大容量、高转速、高电压以及环境十分恶劣的场所，都能使用交流调速；

③ 原来不调速的风机、泵类负载，采用交流调速后，可以大幅度节能。

由三相异步电动机的工作原理可知，三相异步电动机转速 n 的表达式为

$$n = n_s(1-s) = \frac{60f_1}{p}(1-s)$$

式中　　n——三相异步电动机的转速，r/min；

　　　　n_s——三相异步电动机的同步转速，r/min；

　　　　f_1——电源的频率，Hz；

　　　　p——电动机定子绕组的极对数；

　　　　s——电动机的转差率。

可见，要改变三相异步电动机转速 n，可以从下列几个方面着手。

① 改变电动机定子绕组的极对数 p，以改变定子旋转磁场的转速（又称电动机的同步转速）n_s，即所谓变极调速。

② 改变电动机所接电源的频率 f_1，以改变定子旋转磁场的转速 n_s，即所谓变频调速。

③ 改变电动机的转差率 s，即所谓变转差率调速。

其中，改变电动机的转差率 s 调速有很多方法。当负载转矩 T_L 不变时，与其平衡的电动机的电磁转矩 T_e 也应不变。于是，当频率 f_1 和极对数 p 一定时，转差率 s 是下列各物理量的函数。

$$s = f(U_1 \text{、} R_1 \text{、} X_{1\sigma} \text{、} R_2' \text{、} X_{2\sigma}')$$

因此，改变电动机的转差率 s 调速的方法有以下几种。

a.改变施加于电动机定子绕组的端电压 U_1，即降电压调速，为此需用调压器调压。

b.改变电动机定子绕组电阻 R_1，即定子绕组串电阻调速，为此需在定子绕组串联外加电阻。

c.改变电动机定子绕组漏电抗 $X_{1\sigma}$，即定子绕组串电抗器调速，为此需在定子绕组串联外加电抗器。

d.改变电动机转子绕组电阻 R_2，即转子回路串电阻调速，为此需采用绕线转子异步电动机，在转子回路串入外加电阻。

e.改变电动机转子绕组漏电抗 $X_{2\sigma}$，即转子回路串电抗器调速，为此需采用绕线转子三相异步电动机，在转子回路串入电抗器或电容器。

此外，还有串级调速、电磁滑差离合器调速等。

1.2.6 电动机变频调速的优点

交流电动机变频调速是利用交流电动机的同步转速随电源频率变化的特点，通过改变交流电动机的供电频率进行调速的方法。

在交流异步电动机的诸多调速方法中，变频调速的性能最好，它调速范围大、稳定性好、可靠性高、运行效率高、节电效果好，有着广泛的应用范围和可观的社会效益和经济效益。例如对于负载为风机/水泵类的电动机通常电动机始终以额定转速满载运行，仅靠风门/水门机械调节装置来调节风量/流量，当所需的风量/流量减小时，由于电动机的转速不变，所以电动机所消耗的电能却并没有减少，因此浪费了许多电能。如果采用变频调速技术，则可以省去风门/水门机械调节装置，而且电动机的转速随所需提供的风量/流量的大小变化，当所需的风量/流量减小时，电动机的转速随之降低，与此同时，电动机所消耗的电能也随之减少，其节电效果十分明显，最佳可达 30%。所以，变频调速已成为当今节电、改造传统工业、改善工艺流程、提高生产过程自动化水平、提高产品质量、推动技术进步的主要手段之一，是我国重点推广的节能技术。

1.2.7 三相异步电动机各种调速方法的比较

为了便于进一步了解变频调速，现将三相异步电动机各种调速方法的调速原理、电动机类型、控制装置、特点以及应用场合列于表1-1。

表1-1 几种三相交流异步电动机调速方法比较表

调速方式	变极调速	改变转差率				变频调速
		转子串接调速变阻器	电磁转差调速	晶闸管串级调速	定子调压	
调速原理	改变定子绕组的极对数	改变转子回路中的电阻	改变电磁离合器的励磁电流	转子回路中通以可控直流比较电压，调节转差率	调节定子绕组电压，改变运行转差率	改变电源频率来调节电动机同步转速（正比关系）
电动机类型	笼型变极多速电动机	绕线转子电动机	电磁调速笼型电动机	绕线转子电动机	高阻笼型或绕线转子电动机	笼型电动机
控制装置	接触器构成的极数变换器	接触器和变阻器等	转差离合器励磁调节装置	硅整流-晶闸管逆变器	晶闸管调压装置	晶闸管变频装置
特点	简单，有级调速，恒转矩，恒功率	方法简单，有级调速，但能较平滑调节，特性软，外接电阻功耗大	恒转矩，平滑无级调速，效率随转速降低而成比例下降，不能电磁制动	不可逆无级调速，效率高，功率因数低，恒转矩	恒转矩，无级调速，效率随转速降低而成比例下降	恒转矩，无级调速，可逆，效率高，调速系统复杂，成本高
适用场合	只要求几种转速的场合，如机床、行车、搅拌机等	频繁启动、制动、短时低速运行等场合，如起重机械等	中、小功率要求平滑启动、短时低速运行机械，如搅拌机、小型水泵、风机等	风机、水泵、中大功率的压缩机等	要求平滑启动，频繁启动、制动，短时低速运行的场合，如起重机、水泵、风机等	恶劣环境，高速传动，小功率调速比大的场合，大功率调速

2 变频器基础知识

2.1 认识变频器

2.1.1 典型变频器的构成

变频器是一种将工频交流电转换成任意频率交流电的仪器，并且可以拖动电动机带负载运行，因此它又是一个驱动器。变频器的种类非常多，常用变频器的外形如图 2-1 所示。

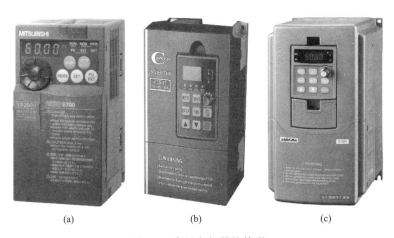

| (a) | (b) | (c) |

图 2-1　常用变频器的外形

变频器是由主电路和控制电路组成的。主电路主要包括整流电路、中间直流电路和逆变电路三部分，其中，中间直流电路又由电源再生单元、限流单元、滤波单元、制动电路单元以及直流电源检测电路等组成。控制电路主要由中央处理器 CPU、数字信号处理器 DSP、A/D、D/A 转换电路、I/O 接口电路、通信接口电路、输出信号检测电路、数字操作盘电路以及控制电源等组成。

尽管目前应用的变频器的品牌很多,外观不同,结构各异,但基本电路结构是相似的。变频器的结构框图如图 2-2 所示。典型变频器的原理框图如图 2-3 所示。

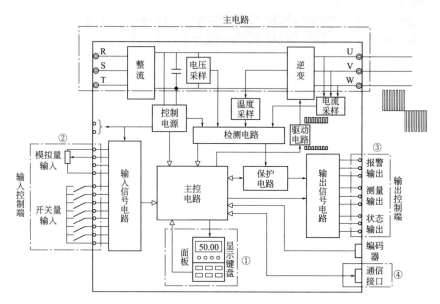

图 2-2　变频器的结构框图

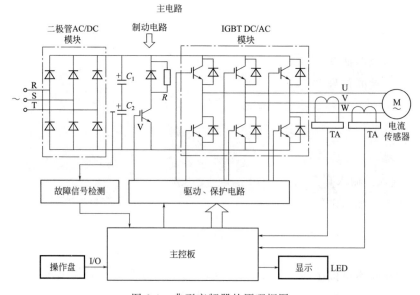

图 2-3　典型变频器的原理框图

(1) 主电路

输入端子：R、S、T 接工频电源。

输出端子：U、V、W 接电动机。

变频器首先将工频交流电整流成直流，再经过逆变将直流变成交流，在逆变的过程中实现频率的改变，通常主电路的电流很大。

对于低压变频器来说，其主电路几乎均为电压型交-直-交电路。它由三相桥式整流器（即 AC/DC 模块）、滤波电路（电容器 C）、制动电路（晶体管 V 及电阻 R）、三相桥式逆变电路（IGBT 模块）等组成。

(2) 控制电路

控制电路是指图 2-2 中除主电路以外的部分。控制电路常由运算电路、检测电路、控制信号的输入电路、控制信号的输出电路、驱动电路和保护电路等组成。其主要任务是完成对逆变器的开关控制，对整流器的电压控制，以及完成各种保护功能等。

控制电路的控制方法有模拟控制和数字控制。高性能的变频器目前已经采用微型计算机进行全数字控制，主要靠软件完成各种功能。

① 运算电路　运算电路主要将外部的速度、转矩等指令同检测电路的电流、电压信号进行比较运算，决定逆变器的输出电压、频率。

② 检测电路　检测电路与主电路电位隔离，并用来检测电压、电流或速度等。

③ 驱动电路　驱动电路主要使主电路器件导通、关断。逆变电路主要由 6 只逆变管组成的逆变桥构成，逆变管始终处在交替的导通、关断状态。控制逆变管的导通、关断信号由 CPU 经计算确定，再由驱动电路驱动逆变管工作。

④ 保护电路　保护电路的主要作用是在变频器检测主电路的电压、电流时，若发生过载或过压等异常，为了防止逆变器和异步电动机损坏而使逆变器停止工作或抑制电压、电流值。

⑤ 输入　输入有面板、输入控制端子、通信接口三种方式。其作用是给变频器的指令，如给定频率（希望变频器输出的频率）、启动信号等通过某一种输入端口进入变频器的 CPU，从而实现对逆变电路的控制。

⑥ 输出　输出有面板、输出控制端子两种方式。变频器的输出频率、错误信号、工作状态可以通过上述端口输出。在输入/输出的过程中，具体选用哪种设备、可以通过操作模式（又称控制通道）的选择来完成。

在图 2-2 中，面板主要用于近距离、基本控制；输入控制端子和输出控制端子主要用于远距离控制、多功能控制；通信接口主要用于多电动机、系统控制。

2.1.2 变频器的分类及特点

(1) 变频器按变换频率的方法分类及特点

① 交-直-交变频器　交-直-交变频器又称间接变频器，它是先将工频交流电通过整流器变成直流电，再经过逆变器将直流电变换成频率、电压均可控制的交流电，其基本结构如图 2-4 所示。

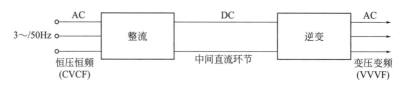

图 2-4　交-直-交变频器

② 交-交变频器　交-交变频器又称直接变频器，它可将工频交流电直接变换成频率、电压均可控制的交流电。交-交变频器的基本结构如图 2-5 所示，其整个系统由两组晶闸管整流装置反向并联组成，正、反向两组按一定周期相互切换，在负载上就可获得交变的输出电压 u_o。

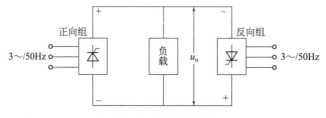

图 2-5　交-交变频器

交-直-交变频器和交-交变频器的主要特点比较见表 2-1，目前应用较多的是交-直-交变频器。

表 2-1　交-交变频器与交-直-交变频器主要特点比较

比较项目	交-交变频器（电压型）	交-直-交变频器
换能方式	一次换能，效率较高	二次换能，效率较高
换流方式	电源电压换流	强迫换流或负载换流
元件数量	较多	较少

比较项目	交-交变频器（电压型）	交-直-交变频器
元件利用率	较低	较高
调频范围	输出最高频率为电源频率的 $1/3\sim1/2$	频率调节范围宽
电源功率因数	较低	如用可控硅整流桥调压，则低频低压时，功率因数较低，如用斩波器或 PWM 方式调压，则功率因数较高
适用场合	低速大功率传动	各种传动装置，稳频稳压电源和不间断电源

（2）变频器按主电路工作方式分类及特点

① 电压型变频器　电压型变频器典型的一种主电路结构形式如图 2-6 所示。在电压型变频器中，整流电路产生逆变所需的直流电压，通过中间直流环节的电容进行滤波后输出。由于采用大电容滤波，故主电路直流电压波形比较平直，在理想情况下可看成一个内阻为零的电压源。变频器输出的交流电压波形为矩形波或阶梯波。电压型变频器多用于不要求正反转或快速加减速的通用变频器中。

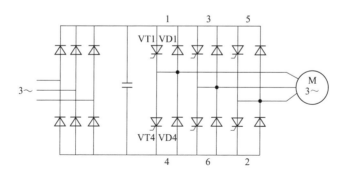

图 2-6　电压型变频器的主电路

② 电流型变频器　电流型变频器的主电路的典型结构如图 2-7 所示。其特点是中间直流环节采用大电感滤波。由于电感的作用，直流电流波形比较平直，因而直流电源的内阻抗很大，近似于电流源。变频器输出的交流电流波形为矩形波或阶梯波。电流型变频器的最大优点是可以进行四象限运行，将能量回馈给电源，且在出现负载短路等情况时容易处理，故该方式适用于频繁可逆运转的变频器和大容量变频器。

电流型变频器与电压型变频器主要特点的比较见表 2-2。

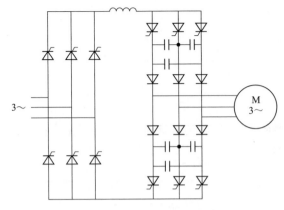

图 2-7 电流型变频器的主电路

表 2-2 电流型变频与电压型变频主要特点的比较

比较项目	电流型	电压型
直流回路滤波环节	电抗器	电容器
输出电压波形①	决定于负载，当负载为异步电动机时，近似为正弦波	矩形
输出电流波形①	矩形	决定于逆变器电压与电动机的电动势，有较大谐波分量
输出动态阻抗	大	小
再生制动（发电制动）	方便、不需附加设备	需要附加电源侧反并联逆变器
过电流及短路保护	容易	困难
动态特性	快	较慢，用 PWM 则快
对晶闸管要求	耐压高，对关断时间无严格要求	一般耐压较低，关断时间要求短
线路结构	较简单	较复杂
适用范围	单机可逆拖动	多机拖动，变频或稳频电源

① 指三相桥式变频器，既不采用脉冲宽度调制也不进行多重叠加。

(3) 变频器按电压调节方式分类及特点

① PAM 变频器　脉冲幅值调节方式（Pulse Amplitude Modulation）简称 PAM 方式，它是一种以改变电压源的电压 U_d 或电流源的电流 I_d 的幅值进行输出控制的方式。在此类变频器中，逆变器仅调节输出频率，而输出电压的调节则是由相控整流器或直流斩波器通过调节中间直流环节的直流电压来实现。采用相控整流器调压时，电网侧的功率因数随调节深度的增加而降低。采用直流斩波器调压时，电网侧的功率因数在不考虑谐波影响时，功率因数可接近于 1，采用直流斩波器的 PAM 方式如图 2-8 所示。该控制方式现在已很少采用。

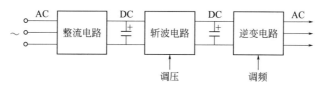

图 2-8　PAM 方式的电路框图

② PWM 变频器和 SPWM 变频器　脉冲宽度调制方式（Pulse Width Modulation）简称 PWM 方式。它在变频器输出波形的一个周期中产生多个脉冲，其等值电压近似为正弦波，波形平滑且谐波较少。

PWM 方式，变频器中的整流器采用不可控的二极管整流，功率因数较高。变频器的输出频率和输出电压均由逆变器按 PWM 方式来完成。PWM 方式的电路框图如图 2-9 所示。

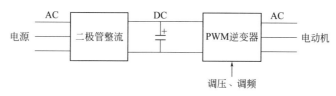

图 2-9　PWM 方式的电路框图

脉冲宽度调制方式又分为等脉宽 PWM 法和正弦波 PWM 法（SPWM 法）等。按照调制脉冲的极性关系，PWM 逆变电路的控制方式分为单极性控制和双极性控制。

等脉宽 PWM 法是最为简单的一种，它每一脉冲的宽度均相等，改变脉冲列的周期可以调频，改变脉冲的宽度或占空比可以调压，采用适当方法即可以使电压与频率协调变化。其缺点是输出电压中除基波外，还包含较大的谐波分量。

SPWM（Sinusoidal Pulse Width Modulation）法是为了克服等脉宽 PWM 法的缺点而发展来的。其具体方法如图 2-10 所示，是以一个正弦波作为基准波（称为调制波），用一列等幅的三角波（称为载波）与基准正弦波相交如图 2-10（a）所示，由它们的交点确定逆变器的开关模式。当基准正弦波高于三角波时，使相应的开关器件导通；当基准正弦波低于三角波时，使开关器件截止。由此，使变频器输出电压波为图 2-10（b）所示的脉冲列，其特点是，在半个周期中等距、等幅（等高）、不等宽（可调），总是中间的脉冲宽，两边的脉冲窄，各脉冲面积与该区间正弦波下的面积成比例。这样，输出电压中的谐波分量显然可以大大减小。

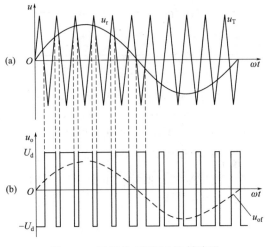

图 2-10 双极性 SPWM 控制波形

(4) 变频器按控制方式分类及特点

异步电动机变频调速时，变频器可以根据电动机的特性对供电电压、电流、频率进行适当的控制，不同的控制方式所得到的调速性能、特性及用途是不同的。同理，变频器也可以按控制方式分类。

① U/f 控制变频器 U/f（电压 U 和频率 f 的比）控制方式又称为 VVVF（Variable Voltage Variable Freqency）控制方式。它的基本特点是对变频器输出的电压和频率同时进行控制，通过使 U/f 的值保持一定而得到所需的转矩特性。基频以下可以实现恒转矩调速，基频以上则可以实现恒功率调速。采用 U/f 控制方式的变频器控制电路成本较低，多用于对精度要求不太高的通用变频器。

② 转差频率控制变频器 转差频率控制方式是对 U/f 控制方式的一种改进。在采用转差频率控制方式的变频器中，变频器通过电动机、速度传感器构成速度反馈闭环调速系统。变频器的输出频率由电动机的实际转速与转差频率自动设定，从而达到在调速控制的同时也使输出转矩得到控制。该控制方式是闭环控制，故与 U/f 控制方式相比，在负载发生较大变化时，仍能达到较高的速度精度和具有较好的转矩特性。但是，由于采用这种控制方式时，需要在电动机上安装速度传感器，并需要根据电动机的特性调节转差，故通用性较差。

③ 矢量控制变频器 矢量控制的基本思想是将交流异步电动机的定子电流分解为产生磁场的电流分量（励磁电流）和与其垂直的产生转矩的电流分量（转矩电流），并分别加以控制。由于这种控制方式中必须同时控制电动机定子电流的幅值和相位，即控制定子电流矢量。所以，这种控制方式被称为矢量控制。采

用矢量控制方式的交流调速系统能够提高变频调速的动态性能，不仅在调速范围上可以与直流电动机相媲美，而且可以直接控制异步电动机产生的转矩。因此，已经在许多需要进行精密控制的领域得到了应用。

(5) 变频器按用途分类及特点

① 通用变频器 通用变频器的特点是可以对普通的交流异步电动机进行调速控制。通用变频器可以分为低成本的简易型通用变频器和高性能多功能的通用变频器两种类型。

简易型通用变频器是一种以节能为主要目的而减少了一些系统功能的通用变频器。它主要应用于水泵、风机等对于系统的调速性能要求不高的场合，并具有体积小和价格低等方面的优点。

高性能多功能通用变频器为了满足可能出现的各种需要，在系统硬件和软件方面都做了许多工作。在使用时，用户可以根据负载特性选择算法，并对变频器的各种参数进行设定。该变频器除了可以应用于简易型通用变频器的所有应用领域外，还广泛应用于传动带、升降装置以及各种机床、电动车辆等对调速系统的性能和功能有较高要求的场合。

② 高性能专用变频器 随着控制理论、交流调速理论和电力电子技术的发展，异步电动机的矢量控制方式得到了重视和发展。高性能专用变频器主要是采用矢量控制方式。采用矢量控制方式的高性能专用变频器和变频调速专用电动机所组成的调速系统，在性能上已达到和超过了直流调速系统。此外，高性能专用变频器往往是为了满足特定行业（如冶金行业、数控机床、电梯等）的需要，使变频器在工作中能发挥出最佳性价比而设计生产的。

③ 高频变频器 在超精密机械加工中，常常用到高速电动机。为了满足其驱动的需要，出现了高频变频器。

④ 单相变频器和三相变频器 与单相交流电动机和三相交流电动机相对应，变频器也分为单相变频器和三相变频器。两者的工作原理相同，但电路的结构不同。

2.2 变频器的基本结构与工作原理

2.2.1 通用变频器的基本结构

通用变频器是相对于专用变频器而言的，它的使用范围广泛，是所有中小型交流异步电动机都能使用的变频器。专用变频器的品种虽然很多，但多由通用变频器稍加功能"演变"而成，掌握了通用变频器，一通百通，其他变频器的安装、操作、使用和维护保养也就易如反掌了。

通用变频器一般由主电路和控制电路两大部分构成。中、小型通用变频器的主要型式是交-直-交型变频器，其典型结构框图如图 2-11 所示。

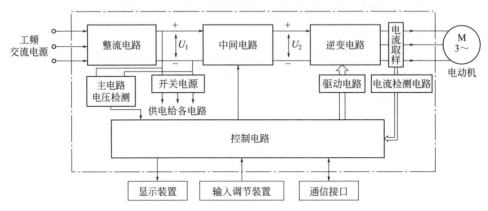

图 2-11　交-直-交型变频器的典型结构框图

(1) 主电路

交-直-交通用型变频器的主电路如图 2-12 所示。

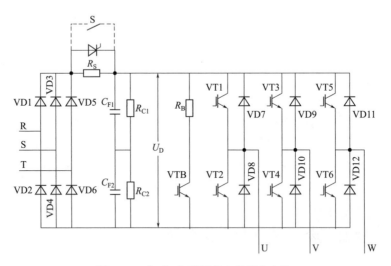

图 2-12　交-直-交通用型变频器主电路

主电路是由电力电子器件构成的功率变换部分，通常由整流电路、滤波电路、限流电路、逆变电路、续流电路以及制动电路等组成。

整流电路的作用是把工频电源变换成直流电源。三相桥式整流电路又称为全波整流电路，在中小容量变频器中，通常采用此电路。VD1～VD6通常采用电力整流二极管或整流模块。R、S、T（即L1、L2、L3或A、B、C）为电源输入端。

滤波电路通常用若干只电容器并联成 C_{F1} 以增大容量后，再串联相同容量的电容器 C_{F2} 组合而成。R_{C1} 和 R_{C2} 是均压电阻器。

限流电路由电阻器 R_S 和开关S并联组成。在图2-12中，R_S 和S之间另并联一只晶闸管，通常S是由晶闸管充当。在容量较小的变频器中，S则由继电器的常开触点充当。

逆变电路是由电力电子器件VT1～VT6构成，常称为"逆变桥"，逆变电路的作用与整流电路的作用相反。逆变电路接受控制电路中SPWM调制信号的"命令"（控制），将直流电逆变成三相交流电，由U、V、W三个输出端输出，供给交流异步电动机。

续流电路是由VD7～VD12构成，它们为三相交流异步电动机绕组无功电流返回直流电路提供了通路。当频率下降引起电动机同步转速下降时，VD7～VD12为绕组的再生电能反馈至直流电路提供续流。

在变频器调速系统中，电动机的降速和停机是通过逐渐减小频率来实现的。在频率刚刚减小的瞬间，电动机的同步转速随之下降，而由于机械惯性的作用，电动机转子转速未变。当同步转速低于转子转速时，转子电流的相位几乎改变180°，电动机此时处于发电机状态；与此同时，电动机轴上的转矩变成了制动转矩，使电动机的转速迅速下降。因此，此时的电动机处于再生制动状态。用于消耗电动机再生电能的电路，就是能耗制动电路。R_B 是能耗制动电路中的重要元件，它把电动机的再生电能转换成热能而消耗掉。VTB是电力功率管，用于接通或关断能耗电路。

(2) 控制电路

变频器最基本的控制电路框图如图2-13所示。

变频器控制电路主要由电源板、主控板、键盘及控制输入、输出接线板等组成。

电源板主要提供主板的电源和驱动电源，电源板还为外接控制电路提供稳定的直流电源。

主控板是变频器控制中心。主控板的主要功能是接受键盘输入的信号；接受

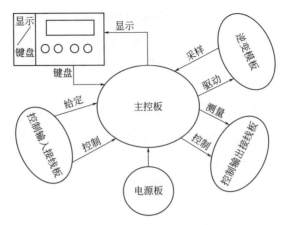

图 2-13　变频器基本控制电路框图

外接控制电路输入的各种信息；处理主控板内部的采样信号（如主电路中的电压、电流采样信号、各部分温度的采样信号、各逆变管工作状态的采样信号等）。另外，主控板还负责 SPWM 调制，并分配给各逆变管的驱动电路；还要发出显示信号，向显示板和显示屏发出各种显示信号；发出保护指令，根据各种采样信号，随时判断工作是否正常，一旦发现异常状况，立即发出保护指令进行保护。此外，主控板还得向外电路提供控制信号和显示信号，如正常运行信号、频率到达信号、故障信号等。

键盘是由使用人员向变频器主控板发出各种指令或信号的系统。

变频器的显示装置一般采用显示屏和指示灯，显示屏显示主控板提供的各种数据。

变频器的输入调节装置主要包括按钮、开关和旋钮等；通信接口用来与其他设备（如可编程控制器）进行通信，接收它们发送过来的信息，同时还将变频器有关信息反馈给这些设备。

2.2.2　变频器的工作原理

下面对照图 2-11 所示的框图说明交-直-交型变频器的工作原理。

三相工频交流电源经整流电路转换成脉动的直流电，直流电再经中间环节进行滤波，以保证逆变电路和控制电源能够得到质量较高的直流电源。然后，再将滤波电路输出的直流电送到逆变电路，与此同时，控制系统会产生驱动脉冲，经驱动电路放大后送到逆变电路，在驱动脉冲的控制下，逆变电路将直流电转换成频率可变的交流电送给电动机，驱动电动机运转。改变逆变电路输出交流电的频率，电动机的转速就会发生相应的变化。

由于主电路工作在高电压大电流状态，为了保护主电路，变频器通常设有主电路电压检测和输出电流检测电路，当主电路电压过高或过低时，电压检测电路则将该情况反映给控制电路，控制电路获得该情况后，会根据设定的程序做出相应的控制，如让变频器主电路停止工作，并发出相应的报警指示。同理，当变频器输出电流过大（如电动机的负载过大）时，电流取样元件或电路会产生过电流信号，经电流检测电路处理后也送到控制电路，控制电路获得该信号后，会根据设定的程序给出相应的控制。

2.3　变频器的额定值

（1）输入侧的额定值

变频器输入侧额定值包括输入电源的相数、电压和频率。

① 额定输入电压　中小容量的变频器输入侧的额定值主要指电压和相数。在我国，输入电压的额定值（线电压）有以下几种：三相/380V、三相/220V（主要见于某些进口变频器）和单相/220V（主要用于家用电器中）3 种。

② 额定输入频率　变频器输入侧电源的额定频率一般规定为工频 50Hz 或 60Hz。

（2）输出侧的额定值

① 额定输出电压 U_{CN}　由于变频器在改变频率的同时也要改变电压，即变频器的输出电压并非常数，所以变频器输出电压的额定值是指输出电压的最大值。大多数情况下，变频器的额定输出电压就是输出频率等于电动机额定频率时的输出电压值。通常，输出电压的额定值总是与输入电压相等。

② 额定输出电流 I_{CN}　变频器输出电流的额定值是指变频器允许长时间输出的最大电流，是用户在选择变频器时的主要依据。

③ 额定输出容量 S_{CN}　变频器的额定输出容量 S_{CN} 由额定输出电压 U_{CN} 和额定输出电流 I_{CN} 的乘积决定，即

$$S_{CN} = \sqrt{3} U_{CN} I_{CN} \times 10^{-3}$$

式中　S_{CN}——变频器的额定容量，kV·A；

　　　　U_{CN}——变频器的额定电压，V；

I_{CN}——变频器的额定电流，A。

④ 适配电动机功率 P_{CN}　适配电动机功率 P_{CN} 是指变频器允许配用的最大电动机功率。对于变频器说明书中规定的适配电动机功率说明如下：

a. 它是根据下式估算的结果

$$P_{CN}=S_{CN}\cos\varphi_M\eta_M$$

式中　P_{CN}——适配电动机的额定功率，kW；

　　　S_{CN}——变频器的额定输出容量，kV·A；

　　$\cos\varphi_M$——电动机的功率因数；

　　　η_M——电动机的效率。

由于电动机的功率的标称值是一致的，但是 $\cos\varphi_M$ 和 η_M 值不一致，所以配用电动机功率相同的变频器，品牌不同，其额定输出容量 S_{CN} 常常也不相同。

b. 由于在许多负载中，电动机是允许短时过载的，所以变频器说明书中的配用电动机功率仅对长期连续不变负载才是完全适用的。对于各类变动负载则不适用，因此配用电动机功率常常需要降低档次。

⑤ 输出频率范围　输出频率范围是指变频器输出频率的调节范围。

⑥ 过载能力　变频器的过载能力是指允许其输出电流超过额定电流的能力。大多数变频器都规定为 $150\%I_{CN}$、1min（表示当变频器的输出电流为 150% 额定输出电流时、持续时间 1min）。过载电流的允许时间也具有反时限性，即：如果超过额定输出电流 I_{CN} 的倍数小于额定电流的 150% 时，则允许过载的时间可以适当延长。

2.4　变频器的主要功能

2.4.1　系统所具有的功能

(1) 自动转矩补偿功能

由于三相异步电动机转子绕组中阻抗的作用，当采用 U/f 控制方式时，在电动机的低速区域将出现转矩不足的情况。因此，为了在电动机进行低速运行时对其输出转矩进行补偿，在变频器中采取了在低频区域提高 U/f 值的方法。变频器可以根据负载情况自动调节 U/f 值，对电动机的输出转矩进行必要的补偿。

（2）防失速功能

所谓的变频器防失速功能，就是让电动机的转速始终在可控的范围内，或者是说在允许的范围内。

如果加速时间预置得过短，变频器的输出频率变化远远超过转速的变化，变频器将因流过过电流而跳闸。加速过程中的防失速功能的基本作用是：当由于电动机加速过快或负载过大等原因出现过电流现象时，变频器将自动适当放慢加速速率，以避免变频器因为电动机过电流而出现保护电路动作和停止工作的情况。其具体方法是：如果在加速过程中，电流超过了预置的上限值（即加速电流的最大允许值），变频器的输出频率将不再增加，暂缓加速，待电流下降到上限值以下后再继续加速。

对于惯性较大的负载，如果减速时间预置得过短，会因拖动系统的动能释放得太快而引起直流回路的过电压。减速过程中的防失速功能的基本作用是：如果在减速过程中，直流电压超过了上限值（即直流电压允许最大值），变频器将暂时停止降低变频器的输出频率或减少输出频率的降低速率，暂缓减速，待直流电压下降到设定值以下后再继续减速。

（3）过转矩限定运行功能

过转矩限定运行功能的作用是对机械设备进行保护和保证运行的连续性。利用该功能可以对电动机的输出转矩极限值进行设定，使得当电动机的输出转矩达到该设定值时变频器停止工作并给出报警信号。

（4）无传感器简易速度控制功能

无传感器简易速度控制功能的作用是为了提高通用变频器的速度控制精度。当选用该功能时，变频器将通过检测电动机电流而得到负载转矩，并根据负载转矩进行必要的转差补偿，从而得到提高速度控制精度的目的。利用该功能通常可以使速度变动率得到 $1/5 \sim 1/3$ 的改善。

在利用该功能时，为了能够正确的进行转差补偿，必须将电动机的空载电流和额定转差等参数事先输入变频器。因此，必须对每一台电动机分别进行设定。

（5）减少机械振动、降低冲击的功能

减少机械振动、降低冲击的功能主要用于机床、传送带和起重机等，其作用是为了达到减少机械振动、减小冲击、保护机械设备和提高产品质量的目的。

通用变频器减轻冲击和机械振动的方法有以下几种：对 U/f 进行调节；对

转矩补偿值进行调节；选择 S 形加减速模式，并适当设定加（减）速时间；调节速度上下限；对电动机参数设定值进行调节；合理设定跳越频率等。

(6) 运行状态检测显示功能

运行状态检测显示功能主要用于检测变频器的工作状态，根据工作状态设定机械运行的互锁，对机械进行保护并使操作者及时了解变频器的工作状态。

(7) 出现异常后的再启动功能

出现异常后的再启动功能的作用是，当变频器检测到某些系统异常时将进行自我诊断和再试，并在这些异常消失后自动进行复位操作和启动，重新进入运行状态。具有这项功能的变频器在系统发生某些轻微异常时无需使系统本身停止工作，所以可以达到增加系统可靠性和提高系统运行效率的目的。通常用户可以根据需要设定 10 以内的再试次数。

由于在进行自我诊断的过程中变频器处于停止输出的状态，在此过程中电动机的转速将会有一定程度的降低。对于这种速度降低，变频器将通过自己的自寻速功能对电动机的实际转速进行检测后输出相应的频率，直至电动机恢复原有速度。

(8) 3 线顺序控制功能

3 线顺序控制功能主要用于构成简单的顺序控制，可以通过自动复位型按键开关进行启/停和正/反转操作。

(9) 通过外部信号对变频器进行启/停控制功能

变频器通常还具有通过外部信号强制性使变频器停止工作的功能。这类功能包括：

① 外部基极遮断信号接点。通过外部基极遮断信号接点的外部信号可以强制性地关断变频器逆变电路的基极（门极）信号，使变频器停止工作。在这种情况下，电动机将自由减速停止。

② 外部异常停止信号接点。当被驱动的机械设备出现异常时，也可以利用外部异常停止信号接点的外部信号强制性地使变频器停止工作。在这种情况下可以将电动机的停止模式选为控制频率减速停止模式或自由减速停止模式。

2.4.2 频率设定功能

(1) 变频器常用频率名称

① 给定频率　给定频率是指给变频器设定的运行频率，用 f_G 表示。给定频

率可由操作面板给定，也可由外部方式给定，其中外部方式又分为电压给定频率和电流给定频率。

电压给定频率是指给变频器有关端子输入电压来设置给定频率，输入电压越高，设置的给定频率越高。电流给定频率是指给变频器有关端子输入电流来设置给定频率，输入电流越大，设置的给定频率越高。

② 输出频率　变频器实际输出的频率称为输出频率，用 f_X 表示。在给变频器设置给定频率后，为了改善电动机的运行性能，变频器会根据一些参数自动对给定频率进行调整而得到输出频率，因此输出频率 f_X 不一定等于给定频率 f_G。

③ 基本频率和最大频率　变频器最大输出电压所对应的频率称为基本频率，用 f_B 表示，如图 2-14 所示。基本频率一般与电动机的额定频率相等。最大频率是指变频器能设定的最大输出频率，用 f_{max} 表示。

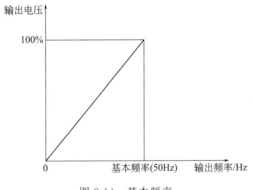

图 2-14　基本频率

④ 上限频率和下限频率　上限频率指不允许超过的最高输出频率（最大频率）。下限频率是指不允许低于的最低频率。

⑤ 启动频率　用变频器控制电动机调速时，必须设定启动频率。变频器的工作频率为零时，电动机尚未启动，当工作频率达到启动频率时，电动机才开始启动。也就是说，电动机开始启动时的频率就是启动频率 f_S。这时，启动转矩较大，启动电流也较大。

设定启动频率是部分生产机械的实际需要，例如，在静止状态下静摩擦力较大，如从零开始启动，启动电流和启动转矩较小，无法启动，因此从某一频率启动是必要的。设定启动频率的大小，需根据具体负载情况而定。

(2) 与频率设定有关的功能

① 多级转速设定功能　多级转速设定功能是为了使电动机能够以预定的速

度按一定的程序运行。用户可以通过对多功能端子的组合选择记忆在内存中的频率指令。与用模拟信号设定输入频率相比，采用这种控制方式时可以达到对频率进行精确设定和避免噪声影响的目的。此外，该功能还为和 PLC 进行连接提供了方便的条件，并可以通过极限开关实现简易位置控制。

② 频率上下限设定功能　频率上下限设定功能是为了限制电动机的转速，从而达到保护机械设备的目的而设置的。它通过设置频率指令的上下限，相对于输入信号的信号偏置值和信号增益完成，如图 2-15 所示。

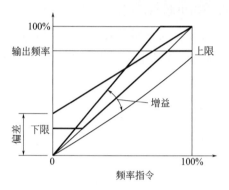

图 2-15　频率指令上下限、信号偏置值和信号增益设定功能

在设置上限频率时，一般不要超过变频器的最大频率，若超出最大频率，自动会以最大频率作为上限频率。

③ 特定频率设定禁止功能（频率跳越功能）　任何机械都有自己的固有频率（由机械结构、质量等因素决定），如果生产机械运行在某一转速时，所引起的振动频率与机械的固有振荡频率相同时，将会引起机械共振，使机械振荡幅度增大，并可能导致损坏机械的严重后果。为了防止共振给机械带来的危害，应该设法避开这些共振频率。特定频率设定禁止功能（频率跳越功能）就是为了这个目的而设置的。

该功能可以给变频器设置禁止输出的频率，即设置回避频率 f_J，使拖动系统"回避"掉可能引起共振的转速。其回避的具体过程图 2-16（a）所示。

当给定信号从 0 逐渐增大至 X'_J 时，变频器的输出频率也从 0 逐渐增大至 f_{JL}；当给定信号从 X'_J 继续增大时，为了回避 f_J，频率将不再增大；当给定信号增大到 X''_J 时，变频器的输出频率从 f_{JL} 跳变至 f_{JH}；当给定信号从 X''_J 继续增大时，频率也继续增加。因为回避是通过频率跳跃的方式实现的，所以，回避频率也称为跳跃频率。

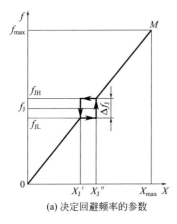 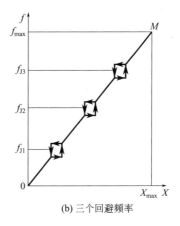

(a) 决定回避频率的参数   (b) 三个回避频率

图 2-16　回避频率

不同的变频器对回避频率的设置方法略有差异，大致有以下两种：

a. 预置需要回避的中心频率 f_J 和回避宽度 Δf_J；

b. 预置回避频率的上限 f_{JH} 和下限 f_{JL}。

大多数变频器都可以预置三个回避频率，如图 2-16（b）所示。

④ 指令丢失时的自动运行功能　指令丢失时的自动运行功能的作用是，当模拟频率指令由于系统故障等原因急剧减少时，可以使变频器按照原设定频率的 80% 的频率继续运行，以保证整个系统正常工作。

⑤ 频率指令特性的反转　为了和检测仪器等配合使用，某些变频器中还设置了将输入频率特性进行反转的功能，如图 2-17 所示。

⑥ 禁止加减速功能　为了提高变频器的可操作性，在加减速过程中，可以通过外部信号，使频率的上升/下降在短时间暂时保持不变，如图 2-18 所示。

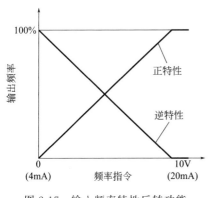 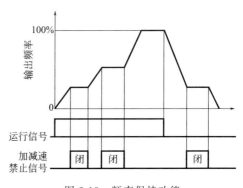

图 2-17　输入频率特性反转功能   图 2-18　频率保持功能

⑦ 加减速时间切换功能　加减速时间切换功能的作用是利用外部信号对变频器的加减速时间进行切换。变频器的加减速时间通常可以分别设为两种，并通过外部信号进行选择。

该功能主要用于机械设备的紧急停止，用一台变频器控制两台不同用途的电动机，或在调速控制过程中对加减速速率进行切换等用途，如图 2-19 所示。

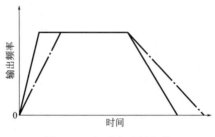

图 2-19　加减速时间切换

⑧ S 形加/减速功能　S 形加/减速功能的作用是为了使被驱动的机械设备能够进行无冲击的启/停和加/减速运行，在选择了该功能时，变频器在收到控制指令后可以在加减速的起点和终点使频率输出的变化成为弧形，如图 2-20（b）和图 2-20（c）所示，从而达到减轻冲击的目的。

图 2-20 为三种加/减速方式。图 2-20（a）为直线加/减速方式，其加、减速时间与输出频率成正比关系，大多数负载采用这种方式。图 2-20（b）为 S 形加/减速 A 方式，这种方式是开始和结束阶段，升速和降速比较缓慢，电梯、传送带等设备常采用该方式。图 2-20（c）为 S 形加/减速 B 方式，这种方式是在两个频率之间提供一个 S 形加/减速 A 方式，该方式具有缓和振动的效果。

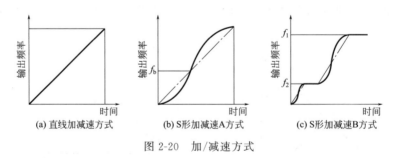

(a) 直线加减速方式　　(b) S形加减速A方式　　(c) S形加减速B方式

图 2-20　加/减速方式

2.4.3　与保护有关的功能

由于在变频调速系统中，驱动对象往往相当重要，不允许发生故障，随着变频器技术的发展，变频器的保护功能也越来越强，以保证系统在遇到意外情况时也不出现破坏性故障。

在变频器的保护功能中，有些功能是通过变频器内部的软件和硬件直接完成的，而另外一些功能则与变频器的外部工作环境有密切关系。它们需要和外部信号配合完成，或者需要用户根据系统要求对其动作条件进行设定。前一类保护功能主要是对变频器本身的保护，而后一类保护功能则主要是对变频器所驱动的电动机的保护以及对系统的保护等内容。

(1) 对电动机的保护

① 电动机过载保护　该功能的主要作用是通过根据温度模拟而得到的电子热继电器功能为电动机提供过载保护。当电动机电流（变频器输出电流）超过电子热保护功能所设定的保护值时，则电子热继电器动作，使变频器停止输出，从而达到对电动机进行保护的目的。

过载保护的特点是具有反时限性，即轻微过载时，允许电动机继续运行的时间可以长一些；严重过载时，必须尽早进行保护，如图 2-21（a）所示。图中，横坐标是电动机电流的相对值 I_M^*，即

$$I_\mathrm{M}^* = \frac{I_\mathrm{M}}{I_\mathrm{MN}} \times 100\%$$

式中　I_M^*——电流的相对值；

　　　I_M——电动机的运行电流；

　　　I_MN——电动机的额定电流。

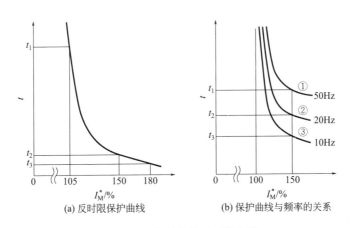

(a) 反时限保护曲线　　　(b) 保护曲线与频率的关系

图 2-21　过载保护的反时限曲线

应该注意的是，这种功能的保护对象主要是普通的四极三相异步电动机，而对其他类型的电动机有时则不能提供保护，因此必须注意研究对象电动机的特性。当用同一台变频器同时驱动数台电动机时，则应该另外接入热敏继电器。

② 电动机失速保护　通过速度检测装置对电动机的速度进行检测，并在由于负载等原因使电动机发生失速时对电动机进行保护。

(2) 对系统的保护

① 过转矩检测功能　该功能是为了对被驱动的机械系统进行保护而设置的。当变频器的输出电流达到了事先设定的过转矩检测值时，保护功能动作，使变频器停止工作，并给出报警信号。

② 外部报警输入功能　该功能是为了使变频器能够和各种周边设备配合构成稳定可靠的调速控制系统而设置的。例如，当把制动电阻等周边设备的报警信号接点连接在控制电路端子 THR 上时，则当这些周边设备发生故障并给出报警信号时变频器将停止工作，从而避免更大故障的发生。

③ 变频器过热预报功能　该功能主要是为了给变频器驱动的空调系统等提供安全保障措施。该功能的作用是当变频器周围的温度接近危险温度时发出警报，以便采用相应的保护措施。在利用该功能时需要在变频器外部安装热敏开关。

④ 制动电路异常保护　该功能的作用是为了给系统提供安全保障措施。当检测到制动电路晶体管出现异常或者制动电阻过热时给出警报信号，并使变频器停止工作。

2.4.4　与运行方式有关的功能

(1) 停止时直流制动

该功能的作用是为了在不使用机械制动器的条件下仍能使电动机保持停止状态。当变频器通过降低输出频率使电动机减速，并达到预先设定的频率时，变频器将给电动机加上直流电压，使电动机绕组中流过直流电流，从而达到进行直流制动的目的。

(2) 运行前直流制动

对于泵、风机等机械设备来说，由于电动机本身有时能处于在外力的作用下进行自由运行的状态，而且其方向也处于不定状态，具有该功能的变频器在对电动机进行驱动时，将自动对电动机进行直流制动，并在使电动机停止后开始正常的调速控制。

(3) 自寻速跟踪功能

对于风机、绕线机等惯性负载来说，当由于某种原因使变频器暂时停止输出，电动机进入自由运行状态时，具有这种自寻速跟踪功能的变频器可以在没有速度传感器的情况下自动寻找电动机的实际转速，并根据电动机转速自动进行加速，直至电动机转速达到所需转速，而无需等到电动机停止后再进行驱动。

(4) 瞬时停电后自动再启动功能

该功能的作用是在发生瞬时停电时，使变频器仍然能够根据原定工作条件自动进入运行状态，从而避免进行复位、再启动等繁琐操作，保证整个系统的连续运行。

该功能的具体实现是在发生瞬时停电时利用变频器的自寻速跟踪功能，使电动机自动返回预先设定的速度。通常当瞬时停电时间在 2s 以内时，可以使用变频器的这个功能。

(5) 电网电源/变频器切换运行功能

因为在用变频器进行调速控制时，变频器内部总是会有一些功率损失，所以在需要以电网电源频率（工频）进行较长时间的恒速驱动时，有必要将电动机由变频器驱动改为电网电源直接驱动，从而达到节能的目的。与此相反，当需要对电动机进行调速驱动时，又需要将电动机由电网电源直接驱动改为变频器驱动。而变频器的电网电源/变频器切换运行功能就是为了满足上述目的而设置的。

在需要将电动机由电网电源直接驱动改为变频器驱动时将要用到变频器的自寻速跟踪功能。

(6) 节能运行

该功能主要用于冲压机械和精密机床，其目的是为了节能和降低振动。在利用该功能时，变频器在电动机的加速过程中将以最大输出功率运行，而在电动机进行恒速运行的过程中，则自动将功率降至设定值。

该功能对于实现精密机床的低振动化也很有效。

(7) 多 U/f 选择功能

该功能的作用是用一台变频器分别驱动几台特性各异的电动机或用变频器驱动变极电动机以得到较宽的调速范围。利用变频器的这个功能。可以根据电动机的不同特性设定不同的 U/f 值，然后通过功能输入端子进行选择驱动。该功能可以用于机床的驱动等用途。

2.4.5　与状态监测有关的功能

(1) 显示负载速度

变频器的数字操作盒除了可以显示变频器的输出频率外，还可以显示电动机的转速，负载机械的转速、线速度和流量等内容。

(2) 脉冲监测功能

变频器可以与脉冲计数器配合，准确地显示出变频器的输出频率。此外，在对输出频率进行显示时，还可以以输出频率的 1、6、10、12、36 倍的方式进行显示。

(3) 频率/电流计的刻度校正

该功能的作用是当需要对接在模拟量监测端子上的输出频率计和输出电流计进行刻度校正时，可以不专门接入刻度校正用电阻，而是可以通过调节输出增益来达到进行刻度校正的目的。

(4) 数字操作盒的监测功能

通过数字操作盒不但可以监测变频器的输出频率和电流，还可以监测输出电压、直流电压、输出功率、输入/输出端子的开闭状态，电动机电流以及故障内容等。此外，利用数字操作盒还可以很容易地检测机械设备的运行状态。

即使在断电的情况下，数字操作盒仍可以通过记忆功能保持已发生的异常内容和顺序。变频器的检测功能使操作者可以很容易地掌握变频器和系统的运行状态，并在系统发生故障时容易查找故障的原因和排除故障。

2.5　变频器的面板和接线端子

2.5.1　通用变频器的面板

尽管生产变频器的厂家不同，型号各异，但其面板结构大致相同。图 2-22 是两种变频器的面板结构。下面介绍主要部分的作用。

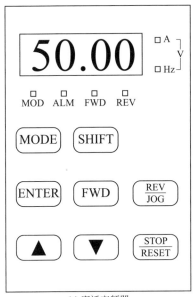

(a) 康沃变频器　　　　　　　(b) 富士变频器

图 2-22　两种变频器面板

(1) 显示部分

变频器面板的显示部分组成如下:

① LED 显示屏　主要显示变频器的各种运行数据,如频率、电流、电压等,也可以显示故障原因以及控制端子的状态等。

② LED 状态指示　如各种参数的单位显示、变频器的状态显示等。

③ LCD 显示屏　显示内容大致与 LED 显示屏相同,但因屏幕较大,可以同时显示多个数据,使用户感到更加方便。

(2) 键盘

键盘是控制变频器运行的操作键,它是变频器最基本的控制通道。下面介绍其主要部分的作用:

① 模式转换键　用于更改工作模式,如运行模式、功能预置模式等,如图 2-22 (a) 中的 "MODE" 键和图 2-22 (b) 中的 "PRG" 键。其中,"PRG" 键的作用为由现行画面转换为菜单画面,或者由运行模式转换到初始画面。

② 数据增、减键　用于增加或减小数据,如图 2-22 (a) 中的 "▲" 和 "▼" 键,或图 2-22 (b) 中的 "∧" 和 "∨" 键。其中,"▲" 键的作用为在选择菜单或参数时,选择上面的菜单或参数;在调整参数时,增大显示值。"▼" 键的

作用为在选择菜单或参数时，选择下一菜单或参数；在调整参数时，减小显示值。

③ 读出、写入键　在功能预置模式下，用于"读出"原有数据或"写入"新数据。如图2-22 (a) 中的"ENTER"键和图2-22 (b) 中的"FUNC/DATA"键。

④ 运行操作键　在运行模式下，用于进行"运行"、"停止"或正转、反转、点动等操作，如图2-22中的FWD（正转）、REV（反转）、JOG（点动）、STOP（停止）键。

⑤ 复位键　用于在故障跳闸后，使变频器恢复为正常状态，如图2-22中的"RESET"键。

⑥ 切换键　主要是用于控制面板所监视的参数之间的切换，如图2-22中的"SHIFT"键。比方说，现在监视的是频率，按一下此键，可能监视的就是额定电压、额定电流之类的参数了。

2.5.2　变频器的主端子

变频器与外界的联系靠接线端子相连，接线端子又分主端子和控制端子。

变频器的主端子又分为输入端和输出端。变频器的输入端分为三相输入和单相输入两种，而输出端均为三相输出。三相输入的主端子如图2-23所示，单相输入的主端子如图2-24所示，各主端子的功能见表2-3。

⏚	⏚	R/L1	S/L2	T/L3	
PO	PA/+	PB	PC/–	U/T1	V/T2	W/T3

图2-23　三相输入变频器主端子

⏚	⏚	R/L1	S/L2		
PO	PA/+	PB	PC/–	U/T1	V/T2	W/T3

图2-24　单相输入变频器主端子

表2-3　变频器主端子的功能

端子	功能	备注
⏚	接地端子	接地线，不能与电源零线相接
R/L1、S/L2	单相电源	对于单相输入变频器
R/L1、S/L2、T/L3	三相电源	对于三相输入变频器，不分相序

端子	功能	备注
PO	直流母线"＋"极性，接外部电抗器	出厂时已与"PA/＋"短接
PA/＋	接制动电阻、电抗器	
PB	接制动电阻	
PC/－	直流母线"－"极性	
U/T1、V/T2、W/T3	接三相异步电动机	有相序之分

2.5.3 变频器的控制端子

(1) 变频器的输入控制端子

变频器的外接输入控制端子的大致安排如图 2-25 所示，操作指令通过外接输入控制端子，由从外部输入的开关信号来控制。由于外部的开关信号可以在远离变频器的地方来操作，因此，不少变频器把这种控制方式称为"远控"或"遥控"操作方式。

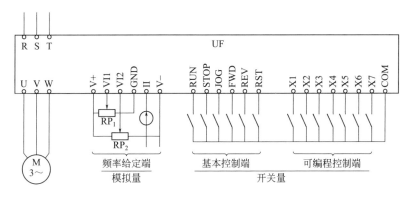

图 2-25 变频器的外接输入控制端子

① 模拟量输入端 模拟量输入端是从外部输入模拟量信号的端子，如图 2-25 中的端子 VI1、VI2 和 II。其中，VI1 输入主给定信号，是频率的给定信号，模拟电压越大，给定频率就越大；VI2 输入辅助给定信号，是叠加到主给定信号的附加信号，由 VI1、VI2 的叠加值决定给定频率的大小。

变频器配置的模拟量输入信号按输入信号的物理量分为两种。

a. 电压信号（由 VI1、VI2 端输入） 如 0～10V、－10～10V 等。

b.电流信号（由 II 端输入）　如 0～20mA。

② 开关量输入端　开关量输入端是从外部输入开关量信号的端子。开关量输入端接受外部输入的各种开关量信号，以便对变频器的工作状态和输出频率进行控制。开关量输入端主要有以下两类。

a.基本控制输入端　如正转（FWD）、反转（REV）、复位（RST）等，基本控制输入端在多数变频器中是单独设立的，其功能比较固定。

b.可编程输入端　端子的具体功能须通过功能预置来决定，也称为多功能输入端。如多挡转速控制，多挡升、降速时间控制，转速递增和递减控制等。

(2) 变频器的输出控制端子

变频器的输出控制端子主要有报警输出端子、测量输出端子和多功能输出端子三种类型，如图 2-26 所示。

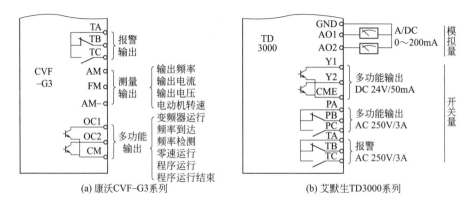

(a) 康沃CVF-G3系列　　(b) 艾默生TD3000系列

图 2-26　变频器的外接输出控制端子

① 报警输出端子　报警输出端子是最重要的输出端子。当变频器因故障而掉闸时，报警输出端子将动作，发出报警信号。

报警输出端通常都采取继电器输出，可以直接接到 AC220V 的电路中，如图 2-26 中的 TA、TB、TC。在变频器发生故障时，其触点动作，常闭触点断开，常开触点闭合。

② 测量信号输出端子　测量信号输出端子可以向外接仪表提供与运行参数成正比的测量信号。测量内容可通过功能预置进行选择。

变频器测量信号输出端子输出直流电压或电流，可以通过外接直流电压表、电流表测量变频器的各项运行参数。因为模拟量输出端输出的是与被测量成正比的直流电压信号或电流信号。当变频器输出频率在 0～50Hz（也可以预置为其他值）内变化时，其电压将在 $0\sim10\mathrm{V}$、电流将在 $0\sim20\mathrm{mA}$ 内变化。也就是说，模拟量输出端的一个确定的电压或电流是与一个确定的频率、转速相对应的，因此就可以用直流电压表或电流表来测量上述相关的物理量，实际使用时，常常需要进行必要的设置。

模拟量输出端子的应用实例如图 2-27 所示，经常测量的是频率、电压和电流。除此之外，还可以通过功能预置测量其他运行数据，如转速等。

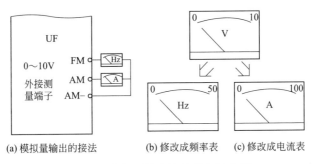

(a) 模拟量输出的接法　　(b) 修改成频率表　(c) 修改成电流表

图 2-27　模拟量输出端子的应用实例

③ 多功能输出端子　多功能输出端子（又称状态信号输出端子）输出变频器的各种运行状态的信号，输出内容如："运行"信号、"频率到达"信号、"频率检测"信号等。各输出端的具体测量内容可通过功能预置来设定。

多功能输出端子是开关量输出，有晶体管输出和继电器输出两种。状态信号的输出电路大多采用晶体管的集电极开路输出方式，用于直流低压电路中，接低压直流负载，如图 2-28（a）所示，当 OC1 有输出时，OC1 与 CM 接通；继电器输出既可以接直流负载，也可以接交流负载，如图 2-28（b）所示，当 TC 有输出时，TC 与 TA 接通。

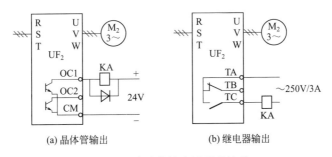

(a) 晶体管输出　　　　　　(b) 继电器输出

图 2-28　多功能输出端子的接线

2.6 常用变频器简介

2.6.1 森兰 SB50 系列变频器

(1) 基本接线

森兰 SB50 系列变频器的基本接线方法如图 2-29 所示，用户必须依照下列配线回路连接。其中，用户可根据需要选择连接外控端子。

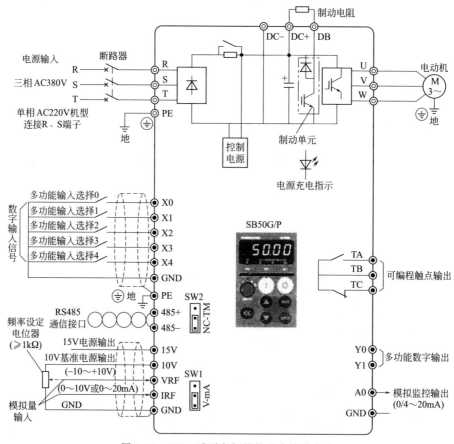

图 2-29 SB50 系列变频器的基本接线方法

注：1. ▭ 表示配线用屏蔽线或双绞线。

2. ◎表示主电路端子，●表示控制端子。

(2) 主电路端子功能说明

森兰 SB50 系列变频器主电路接线端子功能说明见表 2-4。

表 2-4　森兰 SB50 系列变频器主电路接线端子功能说明

端子符号	端子名称	说明
R、S、T	输入电源端子	连接工频电源（三相 320～440V，50/60Hz）单相电源的机型工频电源（单相 200～240V，50/60Hz）由 R、S 端子输入，T 端子悬空
U、V、W	变频器输出端子	连接三相电动机
DC+	直流输出＋端子	直流母线输出端子，可用于构成公共直流母线系统或接外部制动单元
DC−	直流输出−端子	
DB	制动输出端子	在 DB 和 DC＋之间连接制动电阻
PE	接地端子	变频器外壳接地端子，必须接大地

(3) 控制端子功能及特性

森兰 SB50 系列变频器控制端子功能见表 2-5。

表 2-5　森兰 SB50 系列变频器主电路接线端子功能说明

端子	端子类型	端子功能及说明	技术规格
X0～X4	数字输入端子	功能可编程，内部等效原理图为 	公共端：GND 高电平：与公共端之间压差高于 11V 低电平：与公共端之间压差低于 3V 内部上拉电阻：3kΩ X0、X1、X2 输入频率可达 500Hz X3、X4 输入频率可达 10kHz
Y0、Y1	数字输出端子	功能可编程，内部等效原理图为 	公共端：GND OC 输出（外部上拉电压不高于 30V，否则将损坏内部电子元器件） 输出电流不大于 50mA
TA TB TC	继电器输出端子	功能可编程，内部等效原理图为 	TA-TB 常开，TB-TC 常闭 触点规格：AC250V/5A（cosφ＝1）、AC250V/3A（cosφ＝0.4）、DC30V/3A
15V	15V 电源	提供给用户使用的 15V 电源	最大输出电流为 100mA 电压精度优于 2%
10V	10V 基准电源	提供给用户使用的 10V 基准电源	最大输出电流为 15mA 电压精度优于 2%
GND	地	数字、模拟、通信和电源接地端子	GND 内部与 PE 隔离

端子	端子类型	端子功能及说明	技术规格
AO	模拟输出	功能选择：详见功能号（Pr 56）	输出范围为 0/4～20mA 允许负载电阻不大于 550Ω 最大输出电压为 11V
VRF	模拟输入	模拟电压输入	公共端：GND 输入电压范围：−10～10V 输入阻抗：不小于 20kΩ 分辨率：10 位 A/D＋1 位符号位
IRF	模拟输入	模拟电压/电流输入通过跳线 SW1 选择电压或电流输入方式	公共端：GND 输入电压范围：0～10V 输入电流范围：0～20mA 电压信号输入阻抗：15kΩ 电流信号输入阻抗：150Ω 分辨率：10 位 A/D
485＋	RS485 差分信号端子	RS485 差分信号正端	最多可连接 32 个 RS485 站点
485−		RS485 差分信号负端	

注：功能号（Pr 56）为模拟输出对象，0—无效；1—输出频率；2—输出电流；3—输出电压；4—负载率。

2.6.2　三菱 FR-A700 变频器

(1) 基本接线

三菱 FR-A700 系列变频器端子图如图 2-30 所示。

(2) 主回路端子说明

三菱 FR-A700 系列变频器主回路端子功能说明见表 2-6。

表 2-6　三菱 FR-A700 系列变频器主回路接线端子功能说明

端子记号	端子名称	说明
R、S、T	交流电源输入	连接工频电源
U、V、W	变频器输出	接三相笼型异步电动机
R1、S1	控制回路电源	与交流电源端子 R、S 连接
P、PR	连接制动电阻器	在 P、PR 之间连接选件制动电阻器
P、N	连接制动单元	连接制动单元
P、P1	连接改善功率因数的 DC 电抗器	连接选件改善功率因数用电抗器
PR、PX	连接内部制动回路	用短路片将 PX、PR 间短路时（出厂设定），内部制动回路便生效（7.5kΩ 以下装有）
⏚	接地	变频器外壳接地用，必须接大地

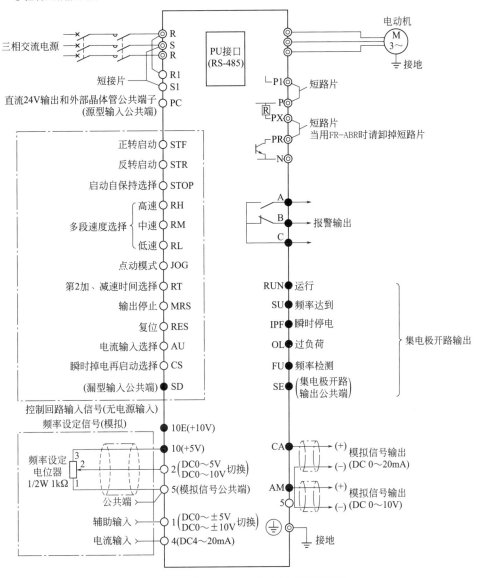

◎ 主回路端子
○ 控制回路输入端子
● 控制回路输出端子

三相交流电源

R
S
R
R1
S1
短接片
直流24V输出和外部晶体管公共端子
(源型输入公共端) PC

PU接口
(RS-485)

电动机
M
3~
接地

P1
P
PX
PR
N
短路片
短路片
当用FR-ABR时请卸掉短路片

正转启动 STF
反转启动 STR
启动自保持选择 STOP
多段速度选择 {高速 RH
中速 RM
低速 RL}
点动模式 JOG
第2加、减速时间选择 RT
输出停止 MRS
复位 RES
电流输入选择 AU
瞬时掉电再启动选择 CS
(漏型输入公共端) SD
控制回路输入信号(无电源输入)
频率设定信号(模拟) 10E(+10V)
10(+5V)

频率设定
电位器
1/2W 1kΩ
3
2
1
2(DC0~5V DC0~10V 切换)
5(模拟信号公共端)
公共端
辅助输入 1(DC0~±5V DC0~±10V 切换)
电流输入 4(DC4~20mA)

A
B 报警输出
C

RUN 运行
SU 频率达到
IPF 瞬时停电
OL 过负荷
FU 频率检测
SE (集电极开路) 输出公共端}
集电极开路输出

CA
(+)
(-) 模拟信号输出
(DC 0~20mA)

AM
5
(+)
(-) 模拟信号输出
(DC 0~10V)
接地

图 2-30 三菱 FR-A700 系列变频器端子图

(3) 控制回路端子说明

三菱 FR-A700 系列变频器控制回路端子功能说明见表 2-7。

表 2-7　三菱 FR-A700 系列变频器控制回路端子功能说明

类型			端子记号	端子名称	说明	
输入信号	开关量输入		STF	正转启动	STF 处于 ON 便正转，处于 OFF 便停止。程序运行模式时为程序运行开始信号（ON 开始，OFF 停止）	STF、STR 同时为 ON，电动机停止
			STR	反转启动	STR 信号 ON 为逆转，OFF 为停止	
			STOP	启动自保持选择	使 STOP 信号处于 ON，可以选择启动信号自保持	
			RH、RM、RL	多段速度选择	用 RH、RM 和 RL 信号的组合可以选择多段速度	输入端子功能选择（Pr.180～Pr.186）用于改变端子功能
			JOG	点动模式选择	JOG 信号 ON 时，选择点动运行	
			RT	第 2 加、减速时间选择	RT 信号处于 ON 时，选择第二功能	
			AU	电流输入选择	AU 信号处于 ON 时，变频器可用直流 4～20mA 作为频率设定信号	
			CS	瞬时掉电再启动选择	CS 信号预先处于 ON，瞬时掉电再恢复时变频器可自动启动	
			MRS	输出停止	MRS 信号为 ON（20ms 以上）时，变频器输出停止	
			RES	复位	用于解除保护回路动作的保持状态，使变频器复位	
			SD	输入公共端（漏型）	接点输入端子和 FM 端子的公共端。当某开关量端子与 SD 接通时，该开关量为 ON	
	模拟信号频率设定		10E	频率设定用电源	DC10V，容许负荷电流为 10mA	
			10		DC5V，容许负荷电流为 10mA	
			2	频率设定（电压）	输入 DC0～5V（或 DC0～10V）时，5V（DC10V）对应于最大输出频率	
			4	频率设定（电流）	DC4～20mA，20mA 为最大输出频率。只有在端子 AU 信号为 ON 时，该输入信号有效	
			5	频率设定公共端	频率设定信号（端子 2、1 或 4）和模拟输出端子 AU 的公共端。请不要接大地	
	接点		1	辅助频率设定	输入 DC0～±5V 或 DC0～±10V 时，端子 2 或 4 的频率设定信号与这个信号相加	
输出信号			A、B、C	报警输出	异常时：B-C 间不通（A-C 间通）正常时：B-C 间通（A-C 间不通）	输出端子功能选择（Pr.190～Pr.195）用于改变端子功能
	集电极开路		RUN	变频器正在运行	变频器正常运行时为低电平	
			SU	频率达到	输出频率达到给定频率的 ±10% 时为低电平	
			OL	过负荷报警	失速保护功能动作时为低电平	
			IPF	瞬时停电	瞬时停电，欠电压保护动作时为低电平	
			FU	频率检测	输出频率为设定的检测频率以上时为低电平	
			SE	集电极开路输出公共端	端子 RUN、SU、OL、IPF、FU 的公共端	

注：1. 输入端子功能选择参数设定如下：Pr.180—RL 端子功能选择；Pr.181—RM 端子功能选择；Pr.182—RH 端子功能选择；Pr.183—RT 端子功能选择；Pr.184—AU 端子功能选择；Pr.185—JOG 端子功能选择；Pr.186—CS 端子功能选择。

2. 输出端子功能选择参数设定如下：Pr.190—RUN 端子功能选择；Pr.191—SU 端子功能选择；Pr.192—IPF 端子功能选择；Pr.193—OL 端子功能选择；Pr.194—FU 端子功能选择；Pr.195—A、B、C 端子功能选择。

3 变频调速系统

3.1 电力拖动系统概述

3.1.1 电力拖动系统的组成

所谓的电力拖动系统，是指以电动机作为原动机拖动生产机械完成一定工艺要求的系统。电力拖动系统通常由电动机、传动机构、生产机械、控制设备和电源共 5 部分组成，如图 3-1 所示。

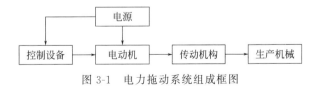

图 3-1　电力拖动系统组成框图

电动机将电能转变为机械能，拖动生产机械做旋转或直线运动。根据所采用的电动机类型不同，电力拖动系统可分为直流电力拖动系统和交流电力拖动系统。

传动机构是将电动机的运动经中间变速或变换运动方式后，再传给生产机械的工作机构。电动机与生产机械可以直接相连，但是，实际多数拖动系统中，电动机与生产机械并不同轴，而在两者之间设有传动机构，如蜗轮与蜗杆、减速箱、皮带变速装置等。

控制设备由各种电气元件和装置组成，用来控制电动机使之按一定的规律运转，从而实现对生产机械的自动控制。

电源为电动机、控制设备提供电能。

3.1.2 生产机械的负载转矩特性

生产机械的转速 n 与对应的负载转矩 T_L 的关系式 $n=f(T_L)$ 称为生产机械的负载转矩特性（或称负载速度-转矩特性，简称负载特性），又称为生产机械的机械特性（或负载的机械特性）。在生产实践中，生产机械工作机构的种类繁多，但大多数生产机械的负载转矩特性基本上可归纳为三大类典型特性，即恒转矩负载特性、恒功率负载特性和风机、泵类负载特性。

(1) 恒转矩负载的转矩特性

恒转矩负载特性是指生产机械的负载转矩 T_L 的大小与其转速
n 无关，当转速 n 变化时，负载转矩 T_L 保持不变（即 $T_L=$ 常数）。根据负载转矩的方向是否与转速的方向有关，恒转矩负载可进一步分为反抗性恒转矩负载和位能性恒转矩负载两大类。

① 反抗性恒转矩负载　反抗性（又称摩擦性）恒转矩负载的特点是：负载转矩 T_L 的大小与转速 n 无关（即负载转矩 T_L 的大小不变），但其作用的方向总是与转速 n 的方向相反，即负载转矩总是阻碍电动机的运转。当电动机的旋转方向改变时，负载转矩的方向也随之改变，负载转矩始终是制动性质的转矩。

根据负载转矩正、负号的规定，对于反抗性恒转矩负载，当转速 n 为正时，负载转矩 T_L 与转速 n 的正方向相反，这时将 T_L 定为正，其负载特性曲线位于第Ⅰ象限；当转速 n 为反向时，n 为负，负载转矩 T_L 也应变为负，其负载特性曲线位于第Ⅲ象限，如图 3-2 所示，T_L 始终与 n 同正负。

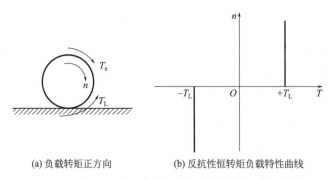

(a) 负载转矩正方向　　　　(b) 反抗性恒转矩负载特性曲线

图 3-2　反抗性恒转矩负载的转矩特性曲线及其正方向

属于这类特性的生产机械主要有：轧钢机、皮带运输机、机床的平移机构、电车在平道上行驶等由摩擦力产生转矩的负载。

② 位能性恒转矩负载 位能性恒转矩负载的特点是：由于物体的重力等产生的负载转矩 T_L 的作用方向固定不变，所以 T_L 不随转速 n 方向的改变而改变。即负载转矩 T_L 的大小、方向均与转速 n 无关。起重机、卷扬机、电梯等提升类装置均为位能性恒转矩负载。当提升重物时，负载转矩为阻转矩，其作用方向与电动机转速方向相反；当下放重物时，负载转矩变为驱动转矩，其作用方向与电动机转速方向相同，促使电动机旋转，帮助重物下放。

假设提升重物时 n 为正方向，下放重物时 n 为负方向，根据负载转矩正、负号的规定，不论电动机是做提升还是下放运动，由重物重力产生的负载转矩始终为正，显然相应的转矩特性曲线分别位于第 I、IV 象限，如图 3-3 所示。

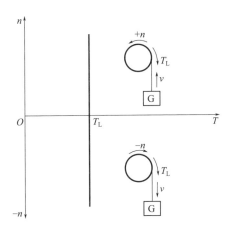

图 3-3 位能性恒转矩负载的转矩特性曲线

(2) 恒功率负载的转矩特性

恒功率负载的方向特点是属于反抗性负载；其大小特点是当转速 n 变化时，

负载从电动机吸收的功率为恒定值（即 $P_L = T_L \Omega = T_L \dfrac{2\pi n}{60} = \dfrac{2\pi}{60} T_L n =$ 常数）。所以

$$T_L = \frac{P_L}{\Omega} = \frac{60}{2\pi} \times \frac{P_L}{n} = 9.55 \frac{P_L}{n} \tag{3-1}$$

由式 (3-1) 可知，恒功率负载的转矩 T_L 与转速 n 成反比，其转矩特性曲线如图 3-4 所示。具有这一特性的生产机械有车床、刨床等。

例如，车床进行切削加工时，具体到每次切削的切削转矩都属于恒转矩负载。但是根据工艺要求，在进行粗加工时，切削量大，切削阻力矩（T_L）也大，所以

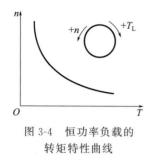

图 3-4 恒功率负载的
转矩特性曲线

要低速切削；而在进行精加工时，切削量小，切削阻力矩（T_L）也小，所以要高速切削。这样就保证了高、低速时的功率不变。

显然，对于恒功率负载来说，从生产工艺要求的总体看是恒功率负载，但是，具体到每次加工，却还是恒转矩负载。

（3）风机、泵类负载的转矩特性

风机、泵类负载的方向特点是属于反抗性负载；其大小特点是负载转矩 T_L 的大小与转速 n 的平方成正比，即

$$T_L = kn^2 \tag{3-2}$$

式中　k——比例常数。

常见的风机、泵类负载有通风机、水泵、油泵和螺旋桨等，其转矩特性曲线如图 3-5 所示。由公式（3-2）和图 3-5 可知，风机、泵类负载的转矩特性曲线为一条抛物线。

必须指出，上述介绍的三种典型的负载转矩特性都是从实际生产机械中概括抽象而来的，而实际生产机械的负载转矩特性往往是某种典型特性为主或是某几种典型特性的组合。例如，实际的通风机（或水泵）主要是风机、泵类负载转矩特性，但是轴上还有轴承摩擦产生的摩擦转矩 T_0，而轴承摩擦又是反抗性恒转矩负载的转矩特性，只是运行时后者数值较小而已。因此实际通风机（或水泵）的负载转矩特性的数学表达式应为

$$T_L = T_0 + kn^2 \tag{3-3}$$

与此相应的转矩特性曲线如图 3-6 中的曲线 2 所示。

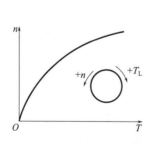

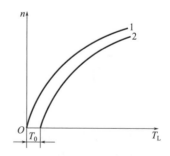

图 3-5　风机、泵类负载的转矩特性曲线　　图 3-6　实际风机、泵类负载的转矩特性曲线

3.1.3 电力拖动系统稳定运行的条件

(1) 电力拖动系统的平衡状态

由电力拖动系统的运动方程式可知，系统的运行状态既取决于电动机的机械特性又取决于生产机械的负载转矩特性。这两种特性的任意配合，能否都能使拖动系统稳定运行呢？要回答此问题，可将这两条特性曲线绘制在同一坐标平面上，如图 3-7 所示。曲线 1 是他励直流电动机的机械特性 $n=f(T_e)$；曲线 2 是恒转矩负载的转矩特性 $n=f(T_L)$，这两条曲线的交点 A 称为系统的运行点或工作点。在运行点 A 处由于满足 $T_e=T_L$，系统以恒速运行，称该拖动系统在 A 点处于平衡状态。

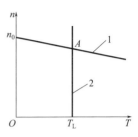

图 3-7 电力拖动系统的平衡状态

(2) 电力拖动系统的稳定平衡状态

对于原来处于平衡状态的电力拖动系统，如果在运行过程中，电动机的机械特性和负载转矩保持不

变，则这种平衡状态会一直持续下去。但是，系统在实际运行中，不可避免地会受到各种干扰的影响，如电网电压的波动、负载的变化等，其结果必将使系统偏离原来的平衡状态。若系统能够在新的条件下自动达到新的平衡；或者在干扰消失后能够恢复到原来的平衡状态，则称该系统原来的平衡状态是稳定平衡状态，即系统是稳定的。若系统不能自动地达到新的平衡或者在干扰消失后无法回到原来的平衡状态，则称系统原来的状态为不稳定的平衡状态，即系统是不稳定的。

现以图 3-8 所示的两种情况为例来进行讨论，并设负载均是恒转矩负载。

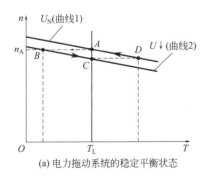

(a) 电力拖动系统的稳定平衡状态

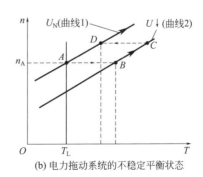

(b) 电力拖动系统的不稳定平衡状态

图 3-8 电力拖动系统的稳定运行分析

设拖动系统原来运行在图 3-8（a）中的 A 点，由于某种干扰，如电网电压的突然下降，电动机的机械特性平行下移至曲线 2。在电压突变的瞬间，由于拖动系统存在很大的机械惯性，系统的转速 n（$=n_A$）不能突变，电动机的电枢电势 E_a 也保持不变，于是，系统的工作点由 A 点跳变到 B 点，此时对应的电磁转矩 $T_e < T_L$，系统开始减速，工作点从 B 点开始沿特性曲线 2 向下移动，最终稳定运行于 C 点，此时系统处于新的平衡状态。

若电网电压恢复到 U_N，电动机的机械特性曲线又上移至曲线 1，同样可认为系统的转速 n 不能突变，于是，系统的工作点由 C 点突跳到 D 点，此时由于 $T_e > T_L$，根据动力学方程式可知，系统自然要加速，于是工作点沿特性曲线 1 上升，最终又重新回到 A 点。即一旦扰动消失后，系统能够回到原来的平衡状态。

由此可见，图 3-8（a）所示的拖动系统在 A 点是稳定的平衡状态，系统能够稳定运行。

对于图 3-8（b）所示的拖动系统，设原来也运行在 A 点，此时 $T_e = T_L$，系统处于平衡状态。若由于某种干扰，如电网电压的突然下降，电动机的机械特性平行下移至曲线 2。由于惯性作用，系统的转速 n（$=n_A$）不能突变，工作点由 A 点跳变到 B 点，此时，由于 $T_e > T_L$，系统开始加速，工作点沿特性曲线 2 向上移动，电动机的电磁转矩 T_e 越来越大，转速 n 不断升高，系统无法进入新的平衡状态。即便干扰消失，电网电压恢复到 U_N，机械特性恢复到特性曲线 1，工作点由 C 点跳变至 D 点，由于此时 $T_e > T_L$，根据动力学方程式，拖动系统仍然要进一步加速，工作点将向远离 A 点的方向运行，不可能回到原来的平衡点 A，且最终由于转速的不断升高，使得转轴或工作机构损坏。可见，图 3-8（b）所示的拖动系统在 A 点是不稳定的平衡状态，系统不能稳定运行。

(3) 电力拖动系统的稳定运行条件

通过上述分析，可知：对于恒转矩负载，只要电动机具有下降的机械特性，电力拖动系统才能稳定运行；否则，若电动机具有上升的机械特性，系统将不能稳定运行。

对于其他类型的负载，可由动力学方程式的分析，得出一般电力拖动系统稳定运行的充要条件：电动机的机械特性与生产机械的负载转矩特性必须有交点，且在该交点处应满足

$$\frac{dT_e}{dn} < \frac{dT_L}{dn} \tag{3-4}$$

3.1.4 三相异步电动机的机械特性

三相异步电动机的机械特性是指电动机定子绕组电压 U_1、频率 f_1 和电动机的参数一定的条件下，电磁转矩 T_e 与转速 n 之间的函数关系，即 $T_e = f(n)$。因为异步电动机的转速 n 与转差率 s 存在一定的关系，所以三相异步电动机的机械特性也往往用 $T_e = f(s)$ 的形式表示，通常称为 T_e-s 曲线（或称为 T_e-n 曲线）。

(1) 三相异步电动机的固有机械特性

固有机械特性是指三相异步电动机工作在额定电压及额定频率下，电动机按规定的接线方法接线，定子及转子电路中不外接电阻（电抗或电容）时所获得的机械特性曲线，如图 3-9 所示。

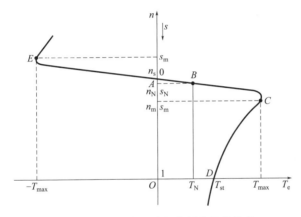

图 3-9　三相异步电动机的固有机械特性

从图 3-9 中看出三相异步电动机固有机械特性具有以下特点：

① 在 $0 < s \leqslant 1$，即 $n_s > n \geqslant 0$ 的范围内，$T = f(s)$ 曲线位于第 I 象限，电磁转矩 T_e 和转速 n 都为正，从正方向规定判断，T_e 与 n 同方向，n 与同步转速 n_s 同方向。因此，异步电动机在这一范围内为电动运行状态。

在第 I 象限电动运行状态的特性曲线上，B 点为额定运行点，其特点是：$n = n_N$（$s = s_N$）；$T_e = T_N$；$I_1 = I_{1N}$。A 点为理想空载运行点，或称同步点，其特点是：$n = n_s$（$s = 0$）；$T_e = 0$；$I_2' = 0$；$I_1 = I_{10}$。A 点是电动运行状态与发电（或回馈制动）运行状态的转折点。C 点是电动运行状态最大电磁转矩点；其特点是：$T_e = T_{max}$；$s = s_m$。D 点为启动点，其特点是：$n = 0$（$s = 1$）；$T_e = T_{st}$（T_{st} 为启动转矩）；$I_1 = I_{st}$（I_{st} 为启动电流）。

② 在 $s<0$，即 $n>n_s$ 的范围内，特性在第 II 象限，电磁转矩 T_e 为负，T_e 与 n 方向相反，T_e 是制动性质的转矩，电磁功率也为负。异步电动机工作在这一范围内是发电运行状态（或回馈制动运行状态）。

③ 在 $s>1$，即 $n<0$ 的范围内，特性在第 IV 象限，电磁转矩 $T_e>0$，T_e 与 n 方向相反，T_e 是制动性质的转矩。异步电动机工作在这一范围内为电磁制动运行状态。

（2）三相异步电动机的人为机械特性

人为机械特性又称人工机械特性，是人为地改变电动机参数或电源参数而得到的机械特性，由三相异步电动机机械特性的参数表达式可以看出，可以变动的量有：定子电压 U_1、定子频率 f_1、极对数 p、定子回路的电阻（或电抗）、转子回路的电阻（或电抗）等。在电力拖动中，人们可以通过合理地利用人为机械特性对异步电动机进行调速或者启动。

3.2 变频调速系统概述

3.2.1 变频调速系统的构成与特点

变频器可以作为交流电动机的电源装置，实现变频调速。变频调速系统的构成如图 3-10 所示。

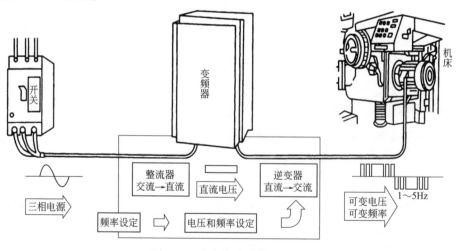

图 3-10 变频调速系统的构成

交流电动机变频调速是利用交流电动机的同步转速随电源频率变化的特点，通过改变交流电动机的供电频率进行调速的方法。

在异步电动机的诸多调速方法中，变频调速的性能最好，它调速范围大、稳定性好、可靠性高、运行效率高、节电效果好，有着广泛的应用范围和可观的社会效益和经济效益。所以，变频调速已成为当今节电、改造传统工业、改善工艺流程、提高生产过程自动化水平、提高产品质量、推动技术进步的主要手段之一，也是国际上技术更新换代最快的领域之一。

3.2.2 变频调速系统的主要指标

(1) 调速范围

调速范围（又称调速比）是衡量变频调速系统变速能力的指标。调速范围有两种表达方式：一种是以调速系统实际可以达到的最低转速与最高转速之比表示，如 1∶100 等；另一种是以最高转速与最低转速的比值（D 值）表示，如 $D=100$ 等，两者的本质相同。

需要注意的是：定义变频调速范围时，应以电动机能够带动额定负载运行的最高转速与最低转速作为计算调速范围的依据，它与变频器技术参数中的频率控制范围是完全不同的两个概念（调速范围要远小于频率控制范围）。因此，调速范围 D 应为变频器输出的最高可用频率 $f_{\max}$ 与最低可用频率 $f_{\min}$ 之比，或电动机的最高可用转速 $n_{\max}$ 与最低可用转速 $n_{\min}$ 之比，即

$$D = \frac{f_{\max}}{f_{\min}} = \frac{n_{\max}}{n_{\min}} \tag{3-5}$$

(2) 调速精度

变频器和电动机组成的调速系统的理想空载转速 n_0 与额定转速 n_N 之差 Δn_N（$\Delta n_N = n_0 - n_N$；Δn_N 称为额定负载下的转速降）与其理想空载转速的百分比，称为调速精度（又称静差率），用 δ 表示，即

$$\delta = \frac{n_0 - n_N}{n_0} \times 100\% = \frac{\Delta n_N}{n_0} \tag{3-6}$$

调速精度 δ 的意义：电动机从理想空载到带额定负载运行时，稳态转速下降的相对值，反映了静态转速相对稳定的程度。δ 越小，当负载变化时引起的转速变化越小，转速的相对稳定性就越好；反之 δ 越大，静态转速波动就越大，相对稳定性就越差。

(3) 最大输出频率

变频器的最大输出频率是决定调速系统调速范围与衡量高速性能的指标。对于同样极对数的电动机，频率越高，可以达到的最高转速也越高；当最低频率不变时，其调速范围也就越大。

(4) 速度响应和频率响应

速度响应是指调速系统在负载惯量与电动机惯量相等的情况下，电动机可以完全跟踪给定变化的最大指令变化率。速度响应是衡量变频器对指令的跟随性能与灵敏度的重要指标。

速度响应可以用角速度或频率值表示。用角速度表示的"速度响应"值直接成为"速度响应"，单位为 rad/s；而将用频率表示的"速度响应"称为"频率响应"，单位为 Hz。"速度响应"与"频率响应"的实质相同，两者可以用 $1\,\mathrm{Hz}=2\pi(\mathrm{rad/s})$ 进行相互转换。

(5) 调速效率

调速效率是衡量调速系统经济性的技术指标，它以调速系统的输出功率 P_2 与输入功率 P_1 之比进行表示，即

$$\eta=\frac{P_2}{P_1}\times100\%\qquad(3\text{-}7)$$

需要注意的是：变频器技术参数中的输出容量与实际可以控制的电动机功率（输出功率）是两个完全不同的概念，后者要远小于前者。

3.3 变频调速系统分析

3.3.1 变频调速的基本规律

由公式 $n_\mathrm{s}=\dfrac{60f_1}{p}$ 可知，当三相异步电动机的极对数 p 不变时，其同步转速（即旋转磁场的转速）n_s 与电源频率 f_1 成正比，因此，若连续改变三相异步电动机电源的频率 f_1，就可以连续改变电动机的同步转速 n_s，从而可以平滑地改变电动机的转速 n，达到调速的目的。

变频调速的调速范围宽，精度高，效率也高，且能无级调速，但是需要有专用的变频电源，应用上受到一定的限制。近年来，随着电力电子技术的发展，变频器的性能提高，价格降低，变频调速的应用越来越广泛。

在改变异步电动机电源频率 f_1 时，异步电动机的参数也在变化。三相异步电动机定子绕组的感应电动势 E_1 为

$$E_1 = 4.44 f_1 k_{W1} N_1 \Phi_{\mathrm{m}} \tag{3-8}$$

式中　E_1——定子绕组的感应电动势，V；

　　　k_{W1}——电动机定子绕组的绕组系数；

　　　N_1——电动机定子绕组每相串联匝数；

　　　Φ_{m}——电动机气隙每极磁通（又称气隙磁通或主磁通），Wb。

如果忽略电动机定子绕组的阻抗压降，则电动机定子绕组的电源电压 U_1 近似等于定子绕组的感应电动势 E_1，即

$$U_1 \approx E_1 = 4.44 f_1 k_{W1} N_1 \Phi_{\mathrm{m}}$$

由上式可以看出，在变频调速时，若保持电源电压 U_1 不变，则气隙每极磁通 Φ_{m} 将随频率 f_1 的改变而成反比变化。一般电动机在额定频率下工作时磁路已经饱和，如果电源频率 f_1 低于额定频率时，气隙每极磁通 Φ_{m} 将会增加，电动机的磁路将过饱和，以致引起励磁电流急剧增加，从而使电动机的铁损耗大大增加，并导致电动机的温度升高、功率因数和效率均下降，这是不允许的；如果电源频率 f_1 高于额定频率时，气隙每极磁通 Φ_{m} 将会减小，因为电动机的电磁转矩与每极磁通和转子电流有功分量的乘积成正比，所以在负载转矩不变的条件下，Φ_{m} 的减小，势必会导致转子电流增大，为了保证电动机的电流不超过允许值，则将会使电动机的最大转矩减小，过载能力下降。综上所述，变频调速时，通常希望气隙每极磁通 Φ_{m} 近似不变，这就要求频率 f_1 与电源电压 U_1 之间能协调控制。若要 Φ_{m} 近似不变，则应使

$$\frac{U_1}{f_1} \approx 4.44 k_{W1} N_1 \Phi_{\mathrm{m}} = 常数 \tag{3-9}$$

另一方面，也希望变频调速时，电动机的过载能力 $\lambda_{\mathrm{m}} = \dfrac{T_{\max}}{T_{\mathrm{N}}}$ 保持不变。于是，在忽略电动机定子绕组电阻时，可得：

$$\lambda_{\mathrm{m}} = \frac{T_{\max}}{T_{\mathrm{N}}} = \frac{3p U_1^2}{4\pi f_1 (X_{1\sigma} + X_{2\sigma}') T_{\mathrm{N}}} \tag{3-10}$$

在忽略铁芯饱和的影响时，$(X_{1\sigma}+X'_{2\sigma})=2\pi f(L_{1\sigma}+L'_{2\sigma})=fk$，其中 k 为常数。若用加撇的符号代表变频后的量，则由上式可得在保持 λ_m 不变时，变频后与变频前各量的关系为

$$\frac{3pU_1'^2}{4\pi f_1'^2 kT_N'}=\frac{3pU_1^2}{4\pi f_1^2 kT_N} \tag{3-11}$$

由以上分析可得，在变频调速时，若要电动机的过载能力不变，则电源电压、频率和额定转矩应保持下列关系：

$$\frac{U_1'}{U_1}=\frac{f_1'}{f_1}\sqrt{\frac{T_N'}{T_N}} \tag{3-12}$$

式中 U_1，f_1，T_N——变频前的电源电压、频率、和电动机的额定转矩；

U_1'，f_1'，T_N'——变频后的电源电压、频率、和电动机的额定转矩。

从上式可得对应于下面三种负载，电压应如何随频率的改变而调节。

(1) 恒转矩负载

对于恒转矩负载，变频调速时希望 $T_N'=T_N$，即 $\dfrac{T_N'}{T_N}=1$，所以要求

$$\frac{U_1'}{U_1}=\frac{f_1'}{f_1}\sqrt{\frac{T_N'}{T_N}}=\frac{f_1'}{f_1} \tag{3-13}$$

即加到电动机上的电压必须随频率成正比变化，这个条件也就是 $\dfrac{U_1}{f_1}=$ 常数，可见这时气隙每极磁通 $\varPhi_m$ 也近似保持不变。这说明变频调速特别适用于恒转矩调速。

(2) 恒功率负载

对于恒功率负载，$P_N=T_N\varOmega=T_N\dfrac{2\pi n}{60}=$ 常数，由于 $n\propto f$，所以，变频调速时希望 $\dfrac{T_N'}{T_N}=\dfrac{n}{n'}=\dfrac{f_1}{f_1'}$，以使 $P_N=T_N\dfrac{2\pi n}{60}=T_N'\dfrac{2\pi n'}{60}=$ 常数。于是要求

$$\frac{U_1'}{U_1}=\frac{f_1'}{f_1}\sqrt{\frac{T_N'}{T_N}}=\frac{f_1'}{f_1}\sqrt{\frac{f_1}{f_1'}}=\sqrt{\frac{f_1'}{f_1}} \tag{3-14}$$

即加到电动机上的电压必须随频率的开方成正比变化。

(3) 风机、泵类负载

风机、泵类负载的特点是其转矩随转速的平方成正比变化，即 $T_N\propto n^2$，所

以，对于风机、泵类负载，变频调速时希望 $\dfrac{T'_N}{T_N}=\left(\dfrac{n'}{n}\right)^2=\left(\dfrac{f'_1}{f_1}\right)^2$，所以要求

$$\frac{U'_1}{U_1}=\frac{f'_1}{f_1}\sqrt{\frac{T'_N}{T_N}}=\frac{f'_1}{f_1}\sqrt{\left(\frac{f'_1}{f_1}\right)^2}=\left(\frac{f'_1}{f_1}\right)^2 \tag{3-15}$$

即加到电动机上的电压必须随频率的平方成正比变化。

实际情况与上面分析的结果有些出入，主要因为电动机的铁芯总是有一定程度的饱和，其次，由于电动机的转速改变时，电动机的冷却条件也改变了。

三相异步电动机的额定频率称为基频，即电网频率 50 Hz。变频调速时，可以从基频向上调，也可以从基频向下调。但是这两种情况下的控制方式是不同的。

3.3.2 变频调速时电动机的机械特性

在生产实践中，变频调速系统一般适用于恒转矩负载，实现在额定频率以下的调速。因此，仅着重于分析恒转矩变频调速的机械特性。

假定忽略定子电阻 R_1 时，电动机的临界转差率 s_m，最大转矩 T_{max} 为

$$\left.\begin{aligned} s_m &\approx \frac{R'_2}{X_{1\sigma}+X'_{2\sigma}}=\frac{R'_2}{2\pi f_1(L_{1\sigma}+L'_{2\sigma})}\propto\frac{1}{f_1} \\ T_{max} &\approx \frac{m_1 p U_1^2}{4\pi f_1(X_{1\sigma}+X'_{2\sigma})}=\frac{m_1 p U_1^2}{8\pi^2 f_1^2(L_{1\sigma}+L'_{2\sigma})}=常数 \end{aligned}\right\} \tag{3-16}$$

电动机在最大转矩下转速降落为

$$\Delta n_m=n_s s_m=\frac{60f_1}{p}\times\frac{R'_2}{2\pi f_1(L_{1\sigma}+L'_{2\sigma})}=常数 \tag{3-17}$$

即在不同频率时，对应于最大转矩的转速降落 Δn_m 不变。所以，恒转矩变频调速的机械特性基本上是一组平行特性曲线簇，如图 3-11 所示。

显然，变频调速的机械特性类同他励直流电动机改变电枢电压时的机械特性。

必须指出，当频率 f_1 很低时，由于 R_1 与 $(X_{1\sigma}+X'_{2\sigma})$ 相比已变得不可忽略，即使保持 $U_1/f_1=$ 常数，也不能维持 Φ_m 为常数，R_1 的作用，相当于定子电路中串入一个降压电阻，使定子感应电动势降低，气隙磁通减小。频率 f_1 越低，R_1 的影响越大，T_{max} 下降越大，为了使低频时电动机的最大转矩不致下降太大，就必须适当地提高定子电压，以补偿 R_1 的压降，维持气隙磁通不变，如

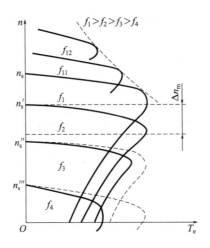

图 3-11   变频调速时的机械特性

图 3-11 中虚线所示。但是，这又将使电动机的励磁电流增大，功率因数下降，所以，下限频率调节是有一定限度的。

对于恒功率变频调速，一般是从基频向上调频。但此时又要保持电压 U_{1N} 不变，由以上分析可知，频率越高，磁通 Φ_m 越低，所以，它可看作是一种降低磁通升速方法，同他励直流电动机的弱磁升速相似，其机械特性如图 3-11 中 f_{11}、f_{12} 所对应的特性。

3.3.3   从基频向下变频调速

当从基频向下变频调速时，为了保持气隙每极磁通 Φ_m 近似不变，则要求降低电源频率 f_1 时，必须同时降低电源电压 U_1。降低电源电压 U_1 有两种方法，现分述如下。

(1) 保持 $\dfrac{E_1}{f_1}$= 常数

当降低电源频率 f_1 调速时，若保持电动机定子绕组的感应电动势 E_1 与电源频率 f_1 之比等于常数，即 $\dfrac{E_1}{f_1}$＝常数，则气隙每极磁通 Φ_m＝常数，是恒磁通控制方式。

保持 $\dfrac{E_1}{f_1}$＝常数，即恒磁通变频调速时，电动机的机械特性如图 3-12 所示。

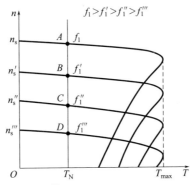

图 3-12　保持 $\dfrac{E_1}{f_1}$＝常数时变频调速的机械特性

从图 3-12 中可以看出，电动机的最大转矩 $T_{\max}$＝常数，与频率 f_1 无关。观察图中的各条曲线可知其机械特性与他励直流电动机降低电枢电源电压调速时的机械特性相似，机械特性较硬，在一定转差率要求下，调速范围宽，而且稳定性好。由于频率可以连续调节，因此变频调速为无级调速，调速的平滑性好。另外电动机在各个速度段正常运行时，转差率较小，因此转差功率较小，电动机的效率较高。

由图 3-12 可以看出，保持 $\dfrac{E_1}{f_1}$＝常数时，变频调速为恒转矩调速方式，适用于恒转矩负载。

（2）保持 $\dfrac{U_1}{f_1}$＝常数

当调低电源频率 f_1 调速时，若保持 $\dfrac{U_1}{f_1}$＝常数，则气隙每极磁通 $\varPhi_{\mathrm{m}}$≈常数，这是三相异步电动机变频调速时常采用的一种控制方式。

保持 $\dfrac{U_1}{f_1}$＝常数，即近似恒磁通变频调速时，电动机的机械特性如图 3-13 中的实线所示。

从图 3-13 中可以看出，当频率 f_1 减小时，电动机的最大转矩 $T_{\max}$ 也随之减小，最大转矩 $T_{\max}$ 不等于常数。图 3-13 中虚线部分是恒磁通调速时 $T_{\max}$＝常数的机械特性。显然，保持 $\dfrac{U_1}{f_1}$＝常数的机械特性与保持 $\dfrac{E_1}{f_1}$＝常数的机械特性有

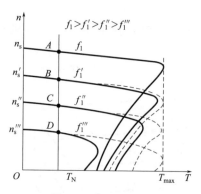

图 3-13　保持 $\dfrac{U_1}{f_1}=$ 常数时变频调速的机械特性

所不同，特别是在低频低速运行时，前者的机械特性变坏，过载能力随频率下降而降低。

由于保持 $\dfrac{U_1}{f_1}=$ 常数变频调速时，气隙每极磁通近似不变，因此这种调速方法近似为恒转矩调速方式，适用于恒转矩负载。

3.3.4　从基频向上变频调速

在基频以上变频调速时，电源频率 f_1 大于电动机的额定频率 f_N，要保持气隙每极磁通 $\varPhi_m$ 不变，定子绕组的电压 U_1 将高于电动机的额定电压 U_N，这是不允许的。因此，从基频向上变频调速，只能保持电压 U_1 为电动机的额定电压 U_N 不变。这样，随着频率 f_1 升高，气隙每极磁通 $\varPhi_1$ 必然会减小，这是一种降低磁通升速的调速方法，类似于他励直流电动机弱磁升速的情况。

保持 $U_1=U_N=$ 常数，升频调速时，电动机的机械特性如图 3-14 所示，从图中可以看出，电动机的最大转矩 T_{max} 与 f_1^2 成反比减小。这种调速方法可以近似认为属于恒功率调速方式。

异步电动机变频调速的电源是一种能调压的变频装置，近年来，多采用晶闸管元件或自关断的功率晶体管器件组成的变频器。变频调速已经在很多领域内获得应用，随着生产技术水平的不断提高，变频调速必将获得更大的发展。

【例 3-1】一台笼型三相异步电动机，极数 $2p=4$，额定功率 $P_N=30kW$，额定电压 $=380V$，额定频率 $f_N=50Hz$，额定电流 $I_N=56.8A$，额定转速 $n_N=$ 1470r/min，拖动 $T_L=0.8\ T_N$ 的恒转矩负载，若采用变频调速，保持 $\dfrac{U_1}{f_1}=$ 常

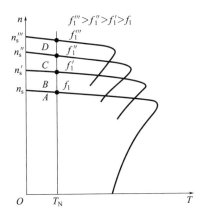

图 3-14 保持 $U_1 = U_N$ 不变的升频调速的机械特性

数，试计算将此电动机转速调为 900r/min 时，变频电源输出的线电压 U_1' 和频率 f_1' 各为多少?

解 电动机的同步转速 n_s

$$n_s = \frac{60f_1}{p} = \frac{60f_N}{p} = \frac{60 \times 50}{2} = 1500(\text{r/min})$$

电动机在固有机械特性上的额定转差率 s_N 为

$$s_N = \frac{n_s - n_N}{n_s} = \frac{1500 - 1470}{1500} = 0.02$$

负载转矩 $T_L = 0.8T_N$ 时，对应的转差率 s 为

$$s = \frac{T_L}{T_N}s_N = 0.8 \times 0.02 = 0.016$$

则 $T_L = 0.8T_N$ 时的转速降 Δn 为

$$\Delta n = sn_s = 0.016 \times 1500 = 24(\text{r/min})$$

因为电动机变频调速时的人为机械特性的斜率不变，即转速降落值 Δn 不变，所以，变频以后电动机的同步转速 n_s' 为

$$n_s' = n' + \Delta n = 900 + 24 = 924(\text{r/min})$$

若使 $n' = 900$r/min，则变频电源输出的频率 f_1' 和线电压 U_1' 为

$$f_1' = \frac{pn_s'}{60} = \frac{2 \times 924}{60} = 30.8(\text{Hz})$$

$$U_1' = \frac{U_1}{f_1}f_1' = \frac{U_N}{f_N}f_1' = \frac{380}{50} \times 30.8 = 234.08(\text{V})$$

4

■■■■■■ 变频器及外围设备的选择

4.1 变频器的选择

4.1.1 概述

(1) 变频器的容量

大多数变频器的容量均以所适用的电动机的功率（单位用 kW 表示）、变频器输出的视在功率（单位用 kV·A 表示）和变频器的输出电流（单位用 A 表示）来表征。其中，最重要的是额定电流，它是指变频器连续运行时，允许输出的电流。额定容量是指额定输出电流与额定输出电压下的三相视在功率。

至于变频器所适用的电动机功率，是以标准的 4 极电动机为对象，在变频器的额定输出电流限度内，可以拖动的电动机的功率。如果是 6 极以上的异步电动机，在同样的功率下，由于其功率因数比 4 极异步电动机的功率因数低，故其额定电流比 4 极异步电动机的额定电流大，所以，变频器的额定电流应该相应扩大，以使变频器的电流不超出其允许值。

另外，电网电压下降时，变频器输出电压会低于额定值，在保证变频器输出电流不超出其允许值的情况下，变频器的额定容量会随之减小。可见，变频器的容量很难确切表达变频器的负载能力。所以，变频器的额定容量只能作为变频器负载能力的一种辅助表达手段。

由此可见，选择变频器的容量时，变频器的额定输出电流是一个关键量。因此，采用 4 极以上电动机或者多台电动机并联时，必须以负载总电流不超过变频器的额定输出电流为原则。

(2) 变频器的输出电压和输入电压

变频器的输出电压的等级是为适应异步电动机的电压等级而设计的。通常等于电动机的工频额定电压。

变频器的输入电压一般是以适用电压范围给出，它是允许的输入电压变化范围。如果电源电压大幅上升超过变频器内部器件允许电压时，则元（器）件会有被损坏的危险。相反，若电源电压大幅度下降，就有可能造成控制电源电压下降，引起 CPU 工作异常，逆变器驱动功率不足，管压降增加、损耗加大而造成逆变器模块永久性损坏。因此，电源电压过高、过低对变频器都是有害的。

(3) 变频器的输出频率

变频器的最高输出频率根据机种不同而有很大的差别，一般有 50Hz、60Hz、120Hz、240Hz 以及更高的输出频率。以在额定转速以下范围内进行调速运转为目的，大容量通用变频器几乎都具有 50Hz 或 60Hz 的输出频率。最高输出频率超过工频的变频器多为小容量，在 50Hz 或 60Hz 以上区域，由于输出电压不变，为恒功率特性，要注意在高速区转矩的减小，而且还要注意，不要超过电动机和负载容许的最高速度。

(4) 变频器的瞬时过载能力

基于主回路半导体开关器件的过载能力，考虑到成本问题，通过变频器的电流瞬时过载能力常常设计为 150% 额定电流、持续时间 1min 或 120% 额定电流、持续时间 1min。与标准异步电动机（过载能力通常为 200% 左右）相比较，变频器的过载能力较小，允许过载时间亦很短。因此，在变频器传动的情况下，异步电动机的过载能力常常得不到充分的发挥。此外，如果考虑到通用电动机的散热能力的变化，在不同转速下，电动机的过载能力还要有所变化。

4.1.2　变频器类型的选择

根据控制功能，将通用变频器分为三种类型：普通功能型 U/f 控制变频器；具有转矩控制功能的高性能 U/f 控制变频器；矢量控制高性能型变频器。变频器类型的选择，要根据负载的要求来进行。

人们在实践中根据生产机械的特性将其分为恒转矩负载、恒功率负载和风机、泵类负载三种类型。选择变频器时自然应以负载的机械特性为基本依据。

(1) 风机、泵类负载

风机、泵类负载又称为平方转矩负载。风机、泵类负载的特点是负载转矩与转速的平方成正比（$T_L \propto n^2$），低速下负载转矩较小，通常可以选择普通功能型 U/f 控制变频器。

(2) 恒转矩负载

对于恒转矩负载，则有两种选用情况。采用普通功能型变频器的例子不少，为了实现恒转矩调速，常采用加大电动机和变频器的容量的方法，以提高低速转矩；如果采用具有转矩控制功能的高性能型变频器，来实现恒转矩负载的调速运行，则是比较理想的。因为这种变频器低速转矩大、静态机械特性硬度大、不怕冲击性负载，具有挖土机特性。

对动态性能要求较高的轧钢、造纸、塑料薄膜生产线，可以采用精度高、响应快的矢量控制的高性能型通用变频器。

(3) 恒功率负载

对于恒功率负载特性是依靠 U/f 控制方式来实现的，并没有恒功率特性的变频器，通常可以选择普通功能型 U/f 控制变频器。如卷绕控制、机械加工设备，可利用变频器弱磁点以上的近似恒功率特性来实现恒功率控制。

对于动态性能和精确度要求高的卷取机械，须采用有矢量控制功能的变频器。

4.1.3 变频器防护等级的选择

变频器的防护等级见表 4-1。

表 4-1 变频器的防护等级

防护等级	适用场所
IP00	用于电控室内
IP20	干燥、清洁、无尘的环境
IP40	防溅水、不防尘
IP54	有一定防尘功能，用于一般温热环境
IP65	用于较多尘埃，有较高温热且有腐蚀性气体的环境

变频器在运行时，内部产生较大的热量，考虑到散热的经济性，除小容量的变频器外，一般采用开启式或封闭式结构，即 IP00 或 IP20，根据要求也可选用 IP40、IP54 和 IP65 等。

4.1.4　变频器容量的选择

变频器容量的选择由很多因素决定，例如电动机容量、电动机额定电流、电动机加速时间等。其中，最主要的是电动机额定电流。

① 一台变频器驱动一台电动机时　当连续恒载运转时，所需变频器的容量必须同时满足下列各项计算公式：

满足负载输出
$$S_{CN} \geqslant \frac{kP_M}{\eta \cos\varphi} \tag{4-1}$$

满足电动机容量
$$S_{CN} \geqslant \sqrt{3}\, kU_M I_M \times 10^{-3} \tag{4-2}$$

满足电动机电流
$$I_{CN} \geqslant kI_M \tag{4-3}$$

式中　S_{CN}——变频器的额定容量，kV·A；

$\quad\ I_{CN}$——变频器的额定电流，A；

$\quad\ P_M$——负载要求的电动机的轴输出功率，kW；

$\quad\ U_M$——电动机的额定电压，V；

$\quad\ I_M$——电动机的额定电流，A；

$\quad\ \eta$——电动机的效率（通常约为 0.85）；

$\cos\varphi$——电动机的功率因数（通常约为 0.75）；

$\quad\ k$——电流波形的修正系数（对 PWM 控制方式的变频器，取 1.05～1.10）。

② 一台变频器驱动多台电动机时　当一台变频器同时驱动多台电动机，即成组驱动时，一定要保证变频器的额定输出电流大于所有电动机额定电流的总和。对于连续运行的变频器，当过载能力为 150%、持续时间为 1min 时，必须同时满足下列两项计算公式。

a.满足驱动时容量，即

$$jS_{CN} \geqslant \frac{kP_M}{\eta \cos\varphi}\left[N_T + N_S(k_S - 1)\right] = S_{C1}\left[1 + \frac{N_S}{N_T}(k_S - 1)\right] \tag{4-4}$$

$$S_{C1} = \frac{kP_M N_T}{\eta \cos\varphi} \tag{4-5}$$

b. 满足电动机电流，即

$$jI_{CN} \geqslant N_T I_M \left[1 + \frac{N_S}{N_T}(k_S - 1)\right]$$ (4-6)

式中　S_{CN}——变频器的额定容量，kV·A；

　　　I_{CN}——变频器的额定电流，A；

　　　P_M——负载要求的电动机的轴输出功率，kW；

　　　I_M——电动机的额定电流，A；

　　　η——电动机的效率（通常约为 0.85）；

　　$\cos\varphi$——电动机的功率因数（通常约为 0.75）；

　　　N_T——电动机并联的台数；

　　　N_S——电动机同时启动的台数；

　　　k——电流波形的修正系数（对 PWM 控制方式的变频器，取 1.05～1.10）；

　　　k_S——电动机启动电流与电动机额定电流之比；

　　　S_{C1}——连续容量，kV·A；

　　　j——系数，当电动机加速时间在 1min 以内时，$j=1.5$；当电动机加速时间在 1min 以上时，$j=1.0$。

③ 大惯性负载启动时　变频器的容量应满足

$$S_{CN} \geqslant \frac{kn_M}{9550\eta\cos\varphi}\left(T_L + \frac{GD^2}{375} \times \frac{n_M}{t_A}\right)$$ (4-7)

式中　S_{CN}——变频器的额定容量，kV·A；

　　　GD^2——换算到电动机轴上的总飞轮力矩，N·m^2；

　　　T_L——负载转矩，N·m；

　　　η——电动机的效率（通常约为 0.85）；

　　$\cos\varphi$——电动机的功率因数（通常约为 0.75）；

　　　t_A——电动机加速时间，s，根据负载要求确定；

　　　k——电流波形的修正系数（对 PWM 控制方式的变频器，取 1.05～1.10）；

　　　n_M——电动机的额定转速，r/min。

4.1.5　常用变频器的标准规格和技术规范

变频器的选择包括型号选择与容量选择两方面。变频器的生产厂家很多，下面列出了森兰、艾默生、三菱、日立等公司几个系列通用变频器的标准规格和技术规范，供大家选用变频器时参考。究竟选用什么品牌的变频器应根据用户具体要求、性能、价格、售后服务等因素决定。

(1) 森兰 SB200 系列变频器基本规格和主要技术参数

森兰 SB200 系列变频器基本规格和主要技术参数见表 4-2 和表 4-3。

表 4-2　SB200 系列变频器基本规格

变频器型号	额定容量 /kV·A	额定输出 电流/A	适配电动 机/kW	变频器型号	额定容量 /kV·A	额定输出 电流/A	适配电动 机/kW
SB200-1.5T4	2.4	3.7	1.5	SB200-75T4	99	150	75
SB200-2.2T4	3.6	5.5	2.2	SB200-90T4	116	176	90
SB200-4T4	6.4	9.7	4	SB200-110T4	138	210	110
SB200-5.5T4	8.5	13	5.5	SB200-132T4	167	253	132
SB200-7.5T4	12	18	7.5	SB200-160T4	200	304	160
SB200-11T4	16	24	11	SB200-200T4	248	377	200
SB200-15T4	20	30	15	SB200-220T4	273	415	220
SB200-18.5T4	25	38	18.5	SB200-250T4	310	475	250
SB200-22T4	30	45	22	SB200-280T4	342	520	280
SB200-30T4	40	60	30	SB200-315T4	389	590	315
SB200-37T4	49	75	37	SB200-375T4	460	705	375
SB200-45T4	60	91	45	SB200-400T4	490	760	400
SB200-55T4	74	112	55	—	—	—	—

表 4-3　SB200 系列变频器主要技术参数

项目		项目描述
输入	额定电压（频率）	三相 380V（50/60Hz）
	允许范围	电压为 320~420V，电压不平衡度小于 3%；频率为 47~63Hz
输出	输出电压	三相，0V~输入电压，误差小于 5%
	输出频率范围	U/f 控制，0.00~650.00Hz
	过载能力	110%额定电流，1min
	频率分辨率	数字给定时为 0.01Hz，模拟给定时为 0.1%最大频率
	输出频率精度	模拟给定时为 ±0.2%最大频率 [（25±10）℃]，数字给定时为 0.01Hz（−10~40℃）
	运行命令通道	操作面板给定、控制端子给定、通信给定、可通过端子切换
	频率给定通道	操作面板、通信、UP/DOWN 调节值、AI1、AI2、AI3、PFI、算术单元
	辅助频率给定	实现灵活的辅助频率微调、给定频率合成

项目		项目描述
输出	转矩提升	自动转矩提升，手动转矩提升
	U/f 曲线	用户自定义 U/f 曲线、线性 U/f 曲线和 5 种降转矩特性曲线
	点动	点动频率范围为 0.10～50.00Hz，点动加减速时间为 0.1～60.0s
	自动节能运行	根据负载情况，自动优化 U/f 曲线，实现自动节能运行
	自动电压调整（AVR）	当电网电压在一定范围内变化时，能自动保持输出电压恒定
	自动载波调整	可根据负载特性和环境温度，自动调整载波频率
	随机 PWM	调节电动机运行时的音色
	瞬停处理	瞬时掉电时，通过母线电压控制，实现不间断运行
	能耗制动能力	22kW 及以下功率等级内置制动单元，22kW 以上使用外置制动电阻
	直流制动能力	制动时间为 0.0～60.0s，制动电流为 0.0～100.0％额定电流
	PFI	最高输入频率为 50kHz
	PFO	0～50kHz 的集电极开路型脉冲方波信号输出，可编程
	模拟输入	3 路模拟信号输入，电压型电流型均可选，可正负输入
	模拟输出	2 路模拟信号输出，分别可选 0/4～20mA 或 0/2～10V，可编程
	数字输入	8 路可选多功能数字输入
	数字输出	2 路可选多功能数字输出；5 路多功能继电器输出
	通信	内置 RS485 通信接口，支持 MODBUS 协议、USS 指令
特色功能	过程 PID	两套 PID 参数，多种修正模式，具有自由 PID 功能
	多段速方式	7 段多段频率选择
	用户自定义菜单	可定义 30 个用户参数
	更改参数显示	支持与出厂值不同的参数显示
	供水功能	多种供水模式，包括消防控制、注水功能、清水池检测及污水池检测及污水泵控制、休眠运行、定时换泵、水泵检修等
	保护功能	过电流、过电压、欠电压、输入输出缺相、输出短路、过热、电动机过载、外部故障、模拟输入掉线、失速防止等
	选配件	制动组件、远程控制盒、数字 I/O 扩展板、液晶显示屏、模拟输入扩展板、带参数复制功能或电位器的操作面板、操作面板安装盒、操作面板延长线、输入输出电抗器、电磁干扰滤波器、PROFIBUS-DP 模块等
环境	使用场所	海拔低于 1000m，室内，不受阳光直晒，无尘埃、腐蚀性气体、可燃性气体、油雾、水蒸气、滴水、盐雾等场合
	工作环境温度/湿度	－10～40℃/20％～90％RH，无水珠凝结
	贮存温度	－20～60℃
	振动	小于 5.9m/s^2（0.6g）
结构	防护等级	IP20
	冷却方式	强制风冷，带风扇控制

（2）艾默生 EV3000 系列高性能矢量控制变频器基本规格和主要技术参数

艾默生 EV3000 系列高性能矢量控制变频器基本规格和主要技术参数见表 4-4 和表 4-5。

表 4-4　EV3000-4T 系列变频器基本规格

型号 EV3000-4T	0022G	0037G	0055G	0075G	0110G	0150G	0185G	0220G	0300G	0370G
适配电动机/kW	2.2	3.7	5.5	7.5	11	15	18.5	22	30	37
额定容量/kV·A	3	5.5	8.5	11	17	21	24	30	40	50
额定输出电流	5	8	13	17	25	32	37	45	60	75
型号 EV3000-4T	0450G	0550G	0750G	0900G	1100G	1320G	1600G	2000G	2200G	
适配电动机/kW	45	55	75	90	110	132	160	200	220	
额定容量/kV·A	60	72	100	116	138	167	200	250	280	
额定输出电流	90	110	152	176	210	253	304	380	426	

表 4-5　EV3000-4T 系列变频器技术参数

项目		指标及规格
主电输入	额定电压；频率	三相，380V；50Hz/60Hz
	变动容许值	电压：320～460V；电压失衡率<3%；频率：±5%
主电输出	输出电压	三相，0～380V
	输出频率	0～400Hz
	过载能力	150%额定电流 2min，180%额定电流 10s
控制性能	调制方式	优化空间电压矢量 PWM 模式
	控制方式	有 PG 反馈矢量控制、无 PC 反馈矢量控制、V/F 控制
	运行命令给定方式	面板给定；外部端子给定；通过串行通信口由上位机给定
	速度设定方式	操作面板数字设定；模拟设定；上位机串行通信等 10 种速度（频率）设定方式
	速度设定精度	数字设定：±0.01%（－10～40℃）；模拟设定：±0.05%（25℃±10℃）
	速度设定分辨率	数字设定：0.01Hz；模拟设定：1/2000 最大频率
	速度控制精度	有 PG 反馈矢量控制：±0.05%（25℃±10℃） 无 PG 反馈矢量控制：±0.5%（25℃±10℃）
	速度控制范围	有 PG 反馈矢量控制：1∶1000；无 PG 反馈矢量控制：1∶100
	转矩控制响应	有 PG 反馈矢量控制：<150ms；无 PG 反馈矢量控制：<200ms
	启动转矩	有 PG 反馈矢量控制：200%/0r/min；无 PG 反馈矢量控制：150%/0.5Hz
	转矩控制精度	±0.5%

项目		指标及规格
控制输入信号	设定参考电压源输出	2路，＋/－10V，5mA
	控制电压源输出	24V，100mA。也可通过 PLC 端子由外部提供
	外部用户电源输入	1路，接点输入端子的工作电源可使用外并有源接点的电源（8～24V）
	模拟输入	2路，DC－10V～＋10V，11 位＋符号位 1路，DC 0～10V/0～20mA，10 位，由主板 CN10 跳线在 U/I 侧的位置选择
	模拟仪表输出	2路，0～20mA，输出可编程，11 种输出量可选
	运行命令接点输入	2路，FWD/STOP 和 REV/STOP 控制命令输入接点端子
	可编程接点输入	8路可编程，可选择故障复位、转矩控制、预励磁命令等 30 种运行控制命令
	PG 信号输入	A＋、A－、B＋、B－差动输入/A－、B－开路集电极码盘输入
控制输出信号	FAM 频率信号输出	11路，频率表信号（输出频率为变频器输出频率的倍率信号）
	集电极开路输出	2路，14 种运行状态可选。最大输出电流 50mA
	可编程继电器输出	1路，14 种运行状态可选，触点容量：AC 250V/3A 或 DC 30V/1A
	故障报警继电器输出	1路，触点容量：AC 250V/3A 或 DC 30V/1A
	串行通信接口	RS485 接口
显示	四位数码显示（LED）	设定频率、输出频率、输出电压、输出电流、电动机转速、输出转矩、开关量端子等 16 种状态参数、编程菜单参数以及 28 种故障代码等
	中/英文液晶显示（LCD）	控制方式、方向指示、当前编程或监视参数名称、报警内容、面板操作指导等
	指示灯（LED）	参数单位、设定方向、RUN/STOP 状态、特殊状态说明、Charge 灯说明
环境	使用场所	室内，不受阳光直晒，无尘埃、无腐蚀性、可燃性气体、无油雾、水蒸气、滴水或盐分等
	海拔	低于海拔 1000m（高于 1000m 时需降额使用）
	环境温度	－10～40℃
	湿度	20％～90％RH，无水珠凝结
	振动	小于 5.9m/s² (0.6g)
	存储温度	－20～60℃
结构	防护等级	IP20
	冷却方式	强制风冷
	安装方式	壁挂式

(3) 三菱 FR-A540 系列变频器基本规格和主要技术参数

三菱 FR-A540 系列变频器的基本规格和主要技术参数见表 4-6 和表 4-7。

表 4-6　三菱 FR-A540 系列变频器基本规格

		型号 FR-A540-□□K-CH	0.4	0.75	1.5	2.2	3.7	5.5	7.5	11	15	18.5	22	30	37	45	55
		适用电动机容量/kW①	0.4	0.75	1.5	2.2	3.7	5.5	7.5	11	15	18.5	22	30	37	45	55
输出		额定容量/kV·A②	1.1	1.9	3	4.6	6.9	9.1	13	17.5	23.6	29	32.8	43.4	54	65	84
		额定电流/A	1.5	2.5	4	6	9	12	17	23	31	38	43	57	71	86	110
		过载能力③	150% 60s，200% 0.5s（反时限特性）														
		电压④	三相，380~480V，50/60Hz														
	再生制动转矩	最大值·允许使用率	100%转矩·2%ED							20%转矩·连续⑤							
电源		额定输入交流电压、频率	三相，380~480V，50/60Hz														
		交流电压允许波动范围	323~528V，50/60Hz														
		允许频率波动范围	±5%														
		电源容量/kV·A⑥	1.5	2.5	4.5	5.5	9	12	17	20	28	34	41	52	66	80	100
		保护结构（1030）	封闭型（IP20）⑦											开放型（IP00）			
		冷却方式	自冷			强制风冷											
		大约质量/kg	3.5	3.5	3.5	3.5	3.5	6.0	6.0	13.0	13.0	13.0	13.0	24.0	35.0	35.0	36.0

① 表示适用电动机容量是以使用三菱标准 4 极电动机时的最大适用容量。
② 额定输出容量是指假定 400V 系列变频器输出电压为 440V。
③ 过载能力是以过电流与变频器的额定电流之比的百分数（%）表示的。反复使用时，必须等待变频器和电动机降到 100%负荷时的温度以下。
④ 最大输出电压不能大于电源电压，在电源电压以下可以任意设定最大输出电压。
⑤ 短时间额定 5s。
⑥ 电源容量随着电源侧的阻抗（包括输入电抗器和电线）的值而变化。
⑦ 取下选项用接线口，装入内置选项时，变为开放型（IP00）。

表 4-7　三菱 FR-A540 系列变频器技术参数

控制特性	控制方式		柔性-PWM 控制/高载波频率 PWM 控制（可选择 V/F 控制或先进磁通矢量控制）
	输出频率范围		0.2~400Hz
	频率设定分辨率	模拟输入	0.015/60Hz（2 号端子输入：12 位，0~10V，11 位，0~5V；1 号端子输入：12 位，−10~+10V，11 位，−5~+5V）
		数字输入	0.01Hz
	频率精度		模拟量输入时最大输出频率的±0.2%内（25℃±10℃）；数字量输入时设定输出频率的 0.01%以内
	电压/频率特性		基底频率可在 0~400Hz 任意设定，可选择恒转矩或变转矩曲线
	启动转矩		0.5Hz 时：150%（对于先进磁通矢量控制）

	转矩提升		手动转矩提升
控制特性	加/减速时间设定		0～3600s（可分别设定加速和减速时间），可选择直线型或 S 型加/减速模式
	直流制动		动作频率 0～120Hz；动作时间 0～10s；动作电压 0～30％可变
	失速防止动作水平		可设定动作电流（0～200％可变），可选择是否使用这种功能
运行特性	频率设定信号	模拟量输入	DC 0～5V，0～10V，0～±10V，4～20mA
		数字量输入	使用操作面板或参数单元 3 位 BCD 或 12 位二进制输入（当使用 FR-A5AX 选件时）
	启动信号		可分别选择正、反转，及启动信号自保持输入（三线输入）
	输入信号	多段速度选择	最多可选择 15 种速度［每种速度可在 0～400Hz 内设定，运行速度可通过 PU（FR-DU04/FR-PU04）改变］
		第二、第三加/减速时间选择	0～3600s（最多可分别设定三种不同的加/减速时间）
		点动运行选择	具有点动运行模式选择端子[①]
		电流输入选择	可选择输入频率设定信号 DC 4～20mA（端子 4）
		输出停止	变频器输出瞬时切断（频率、电压）
		报警复位	解除保护功能动作时的保持状态
	运行功能		上、下限频率设定、频率跳变运行、外部热继电器输入选择，极性可逆选择、瞬时停电再启动运行、工频电源-变频器切换运行、正转/反转限制、转差率补偿、运行模式选择、离线自动调整功能、在线自动调整功能、PID 控制、程序运行、计算机网络运行（RS-485）
	输出信号	运行状态	可从变频器正在运行，频率达到，瞬时电源故障（欠电压），频率检测，第二频率检测，第三频率检测，正在程序运行，正在 PU 模式下运行，过负荷报警，再生制动预报警，电子过电流保护预报警，零电流检测，输出电流检测，PID 下限，PID 上限，PID 正/负作用，工频电源-变频器切换 MC1、2、3，动作准备，抱闸打开请求，风扇故障和散热片过热预报警中选择五个不同的信号通过集电极开路输出
		报警（变频器跳闸）	接点输出接点转换（AC 230V、0.3A；DC 30V、0.3A）集电极开路报警代码（4 位）输出
		指示仪表	可从输出频率，电动机电流（正常值或峰值），输出电压，设定频率，运行速度，电动机转矩，整流桥输出电压（正常值或峰值），再生制动使用率，电子过电流保护负荷率，输入功率，输出功率，负荷仪表，电机励磁电流中分别选择一个信号从脉冲串输出（1440 脉冲/s/满量程）和模拟输出（DC 0～10V）

显示	PU (FR-DU04/FR-PU04)	运行状态	可选择输出频率，电动机电流（正常值或峰值），输出电压，设定频率，运行速度，电动机转矩，过负荷，整流桥输出电压（正常值或峰值），电子过电流保护负荷率，输入功率，输出功率，负荷仪表，电动机励磁电流，累计动作时间，实际运行时间，电度表，再生制动使用率和电动机负荷率用于再监视
		报警内容	保护功能动作时显示报警内容可记录 8 次（对于操作面板只能显示 4 次）
	只有参数单元（FR-PU04）有的附加显示	运行状态	输入端子信号状态，输出端子信号状态，选件安装状态，端子安排状态
		报警内容	保护功能即将动作前的输出电压/电流/频率/累计动作时间
		对话式引导	借助于帮助功能表示操作指南，故障分析
保护/报警功能			过电流断路（正在加速、减速、恒速），再生过电压断路，电压不足，瞬时停电，过负荷断路（电子过电流保护），制动晶体管报警[2]，接地过电流，输出短路，主回路元件过热，失速防止，过负荷报警，制动电阻过热保护，散热片过热，风扇故障，选件故障，参数错误，PU 脱出，再试次数超过，输出欠相保护，CPU 错误，DC24V 电源输出短路，操作面板用电源短路
环境	周围温度		$-10\sim50℃$（不冻结）［当使用全封闭规格配件（FR-A5CV）时 $-10\sim40℃$］
	周围湿度		90%RH 以下（不结露）
	保存温度[3]		$-20\sim65℃$
	周围环境		室内（应无腐蚀性气体、易燃气体、油雾、尘埃等）
	海拔高度，振动		最高海拔 1000m 以下，$5.9m/s^2$ 以下（JIS C 0911 标准）

① 也可以用操作面板或参数单元执行。
② 对于没有安装内置制动回路的 FR-A540-11K 至 55K 中没有此功能。
③ 在运输时等等短时间内可以使用的温度。

(4) 日立 L100 系列小型通用变频器主要技术数据

日立 L100 系列小型通用变频器主要技术数据见表 4-8。

表 4-8　日立 L100 系列小型通用变频器主要技术数据

项目	200V 级						
型号（L100 系列）	002NFE 002NFU	004NFE 004NFU	005NFC	007NFE 007NFU	011NFE	015NFE 015NFU	022NFE 022NFU
防护等级	IP20						
适用电动机功率/kW	0.2	0.4	0.55	0.75	1.1	1.5	2.2
适用电动机容量/kV·A	0.6	1.0	1.2	1.6	1.9	3	4.2
额定输入电压	单相：200～240V，50/60Hz±5% 3 相：220～230（1+10%）V，50/60Hz±5%（037LFR 只有三相）						
额定输出电压	3 相：200～240V						

项目	200V 级						
型号（L100 系列）	002NFE 002NFU	004NFE 004NFU	005NFC	007NFE 007NFU	011NFE	015NFE 015NFU	022NFE 022NFU
额定输出电流/A	1.6	2.6	3.0	4.0	5.0	8.0	11
质量/kg	0.7	0.8	0.8	1.3	1.3	2.3	2.8
深度 D/mm	107	107	129	129	153	153	164
阔度 W/mm	84	84	110	110	140	140	140
高度 H/mm	120	120	130	130	180	180	180

项目	400V 级						
型号（L100 系列）	004HFE 004HFU	007HFE 007HFU	015HFE 015HFU	022HFE 022HFU	040HFE 040HFU	055HFE 055HFU	075HFE 075HFU
防护等级	IP20						
适用电动机功率/kW	0.4	0.75	1.5	2.2	4.0	5.5	7.5
适用电动机容量	1.1	1.9	2.9	4.2	6.6	10.3	12.7
额定输入电压	3 相：380～460（1±10%）V						
额定输出电压	3 相：380～460V（取决于输入电压）						
额定输出电流/A	1.5	2.5	3.8	5.5	8.6	13	16
质量/kg	1.3	1.7	1.7	2.8	2.8	5.5	5.7
深度 D/mm	129	156	156	164	164	170	170
阔度 W/mm	110	110	110	140	140	182	182
高度 H/mm	130	130	130	180	180	257	257

控制方法		SPWM 控制	
输出频率范围		0.5～360Hz	
频率设定分辨率		数字设定：0.1Hz 模拟设定：最大频率/1000	
电压/频率特性		可选择恒转矩、变转矩特性，无速度传感器矢量控制	
过载电流额定值		150%，持续时间 60s	
加/减速时间		0.1～3000s，可设定直线或曲线加/减速、第二加/减速	
启动转矩		200%以上	200%以上（0.4～2.2kW） 180%以上（3.0～7.5kW）
制动转矩	再生制动（不用外部制动电阻）	约 100%（0.2～0.75kW）	约 100%（0.4～0.75kW）
		约 70%（1.1～1.5kW）	约 70%（1.5～2.2kW）
		约 20%（2.2kW）	约 20%（3.0～7.5kW）
保护功能		过电流，过电压，欠电压，过载，温度过高/温度过低，CPU 错误，启动时接地故障诊测，通信错误	
环境条件	环境/储存/温度湿度	−10～50℃/−10～70℃/20%～90%（无结露）	
	振动	5.9m/s²（0.6g），10～55Hz	
	安装地点	海拔 1000 以下，室内（无腐蚀性气体和灰尘），装饰色	

4.1.6 变频器容量选择实例

(1) 按电动机的标称功率选择变频器的容量

按照电动机的标称功率选择变频器的容量只适合作为初步投资估算依据，一般在不清楚电动机额定电流时使用，比如电动机型号还没有最后确定的情况。

如果电动机拖动的是恒转矩负载，作为估算依据，一般可以按放大一个功率等级估算，例如，额定功率为45kW的电动机可以选择55kW的变频器。在需要按照过载能力选择时可以放大一倍来估算，例如，45kW的电动机可以选择90kW的变频器。

如果电动机拖动的是风机、泵类负载（即二次方转矩负载），一般可以直接按照标称功率作为最终选择依据，并且不必放大，例如，45kW的风机电动机就选择45kW变频器。这是因为二次方转矩负载的定子电流对于频率较敏感，当发现实际电动机电流超过变频器额定电流时，只要将频率的上限限制的小一点，例如，将输出频率上限由50Hz降低到49Hz，最大风量大约会降低2%，最大电流则降低大约4%。这样就不会造成保护动作，而最大风量的降低却很有限，对应用影响不大。

(2) 按电动机的额定电流选择变频器容量

对于多数的恒转矩负载，可以按照下面公式选择变频器规格。

$$I_{CN} \geq k_1 I_M \qquad (4\text{-}8)$$

式中，k_1 是电流裕量系数，根据应用情况，可取为 $1.05 \sim 1.15$。一般情况取较小值，在电动机持续负载率超过80%时则应该取较大值，因为多数变频器的额定电流都是以持续负载率不超过80%时来确定的。另外，启动、停止频繁的时候也应该考虑取较大值，这是因为在启动和制动过程中，电动机的电流会短时超过其额定电流，频繁启动、停止则相当于增加了负载率。

【例4-1】一台三相异步电动机的额定功率为110kW、额定电流为212A，请按电动机的额定电流选择变频器容量。

解： 取 k_1 为1.05，按照上式计算，可得变频器额定电流 $I_{CN} = 1.05 \times 212 = 222.6$（A），可选择某型号110kW的变频器，其额定电流为224A。

这里的 k_1 主要是为防止电动机的功率选择偏低，实际运行时经常轻微超载而设置的。这种情况对于电动机而言是允许的，但若不考虑 k_1，则会造成变频器负担过重而影响其使用寿命。在变频器内部设定电动机额定电流时不应该考虑 k_1，否则，变频器对电动机的保护就不会有效了。例如，在【例 4-1】中，在变频器上设定电动机额定电流时应该是 212A，而不是 222.6A。

多数情况下，按照上式计算的结果，变频器的功率与电动机的功率都是匹配的，不需要放大，因此在选择变频器时盲目把功率放大一级是不可取的，这样会造成不必要的浪费。

（3）按电动机实际运行电流选择变频器容量

按电动机实际运行电流选择变频器容量特别适用于技术改造工程，其计算公式为

$$I_{\mathrm{CN}} \geqslant k_2 I_{\mathrm{d}} \tag{4-9}$$

式中，k_2 是裕量系数，考虑到测量误差，k_2 可取 1.1~1.2，在频繁启动、停止时应该取较大值；I_{d} 是电动机实测运行电流，指的是稳态运行电流，不包括启动、停止和负载突变时的动态电流，实测时应该针对不同工况进行多次测量，取其中最大值。

按照式（4-9）计算时，变频器的标称功率可能小于电动机的额定功率。由于降低变频器容量不仅会降低稳定运行时的功率，也会降低最大过载转矩，电动机的转矩降低太多时可能导致启动困难，所以按照式（4-9）计算后，实际选择时用于驱动恒转矩负载的变频器标称功率不应小于电动机额定功率的 80%，用于驱动风机、泵类负载的变频器标称功率不应小于电动机额定功率的 65%。如果应用时对启动时间有要求，则通常不应该降低变频器的功率。

【例 4-2】 某风机电动机的额定功率为 90kW，额定电流为 158.2A，实测稳定运行电流在 86~98A 之间变化，启动时间没有特殊要求。请按电动机实际运行电流选择变频器容量。

解： 取 I_{d}＝98A，k_2＝1.1，按照式（4-9）计算，则变频器额定电流为

$$I_{\mathrm{CN}} \geqslant k_2 I_{\mathrm{d}} = 1.1 \times 98 = 107.8 (\mathrm{A})$$

因为变频器额定电流应不小于 107.8A，所以可选择某型号 55kW 的变频器，其额定电流为 112A。

由于该电动机驱动的是风机、泵类负载，但是，55/90＝61.1%＜65%，所以不能选择 55kW 的变频器。因此，实际选择该型号 75kW 的变频器，75/90＝83.3%＞65%，符合要求。

当变频器的标称功率选择小于电动机的额定功率时，不能按照电动机的额定

电流进行保护,这时可不更改变频器内的电动机额定电流,直接使用默认值,变频器将会把电动机当作标称功率电动机进行保护。如【例 4-2】中,变频器会把那台电动机当作 75kW 电动机来保护。

(4) 按照转矩过载能力选择变频器容量

变频器的电流过载能力通常比电动机的转矩过载能力低,因此,如果按照常规方法为电动机配备变频器,则该电动机的转矩过载能力就不能充分发挥作用。

由于变频器能够控制在稳定过载转矩下持续加速直到全速运行,因此,平均加速度并不低于直接启动的情况,所以,对于一般负载而言,按照常规的方法选择变频器没有什么问题。但是,在大转动惯量情况下,同样电磁转矩的加速度较低,如果要求较快加速,则需要加大电动机的电磁转矩;另外,在正常的转动惯量情况下,电动机从零速加速到全速的时间通常需要 2~5s,如果应用时要求加速时间更短,也需要加大电动机的电磁转矩;而且对于转矩波动型或者冲击转矩负载,瞬间转矩可能达到额定转矩的 2 倍以上,为防止保护动作,也需要加大电动机的电磁转矩。在上述三种情况下充分发挥电动机的转矩过载能力是十分必要的,所以应该按照下式选择变频器。

$$I_{CN} \geqslant k_3 \frac{\lambda_d I_M}{\lambda_f} \tag{4-10}$$

式中,λ_d 是电动机的转矩过载倍数;λ_f 是变频器的电流短时过载倍数;k_3 是电流/转矩系数。

电动机的转矩过载倍数可以从电动机产品样本查得,变频器的电流 1min 过载倍数为 150% 时,最大瞬间过载电流倍数为 200%,可用的短时过载倍数可按 1.6~1.7 选取。由于电动机启动时,电动机的磁通衰减和转子功率因数降低,所以电动机最大转矩时的电流过载倍数要大于转矩过载倍数,因此电流/转矩系数 k_3 是应该大于 1 的,可以选择为 1.1~1.15。当采用变频器进行矢量控制和直接转矩控制时,磁通基本不会衰减,这时电动机实际转矩过载能力将大于产品样本值。

【例 4-3】某轧钢机的飞剪机构,其电动机的额定功率为 110kW,额定电流 200.2A,转矩过载倍数为 2.5。在空刃位置时要求其低速运行以提高定尺精度,进入剪切位置前则要求其快速加速到线速度与钢材速度同步,请按照转矩过载能力选择变频器。

解：取电流/转矩系数为 1.15，变频器短时过载倍数为 1.7，则变频器额定电流为

$$I_{CN} \geqslant k_3 \frac{\lambda_d I_M}{\lambda_f} = 1.15 \times \frac{2.5 \times 200.2}{1.7} \approx 338.6 (A)$$

因为变频器的额定电流应不小于 338.6A，所以选择某型号 200kW 变频器，额定电流为 377A。

由此可以看出，若按照转矩过载能力选择变频器，则系统投资将大幅度增加。如果获得的信息足够确认实际需要的转矩过载倍数，则可以用实际需要的过载倍数代替电动机转矩过载倍数代入式（4-10）计算，这样可以适当减小系统投资。如某冲击负载，已知最大冲击负载转矩为电动机额定转矩的 1.8 倍，则考虑安全系数后，以实际需要过载倍数为 2 代入式（4-10）计算，由于过载倍数不高，因此电流/转矩系数可以选择为 1.1，这样也可以适当减小系统投资。

按照转矩过载能力选择变频器是以动态加速情况及负载波动情况为考虑依据的，如果应在实际应用中需要这样选择，那么即使实测电动机的稳态运行电流很低，也应该按照式（4-10）的计算值来选择变频器。

(5) 电动机直接启动时变频器容量的选择

通常，三相异步电动机直接用工频启动时，其启动电流为额定电流的 4～7 倍。对功率小于 10kW 的电动机直接启动，可按下式选取变频器。

$$I_{CN} \geqslant \frac{I_{st}}{K_g} \tag{4-11}$$

式中，I_{st} 为在额定电压、额定频率下，电动机直接启动时的启动电流（又称堵转电流），A；K_g 为变频器的允许过载倍数，$K_g = 1.3 \sim 1.5$。

【例 4-4】 一台三相异步电动机的额定功率为 7.5kW，额定电流 15.3A，启动电流倍数（又称堵转电流倍数）$k_{st} = 5.0$。该电动机直接用工频启动。请按照电动机直接启动选择变频器。

解：（1）电动机的启动电流 I_{st}

$$I_{st} = k_{st} I_{MN} = 5.0 \times 15.3 = 76.5 (A)$$

（2）取变频器的允许过载倍数 $K_g = 1.4$，则变频器额定电流为

$$I_{CN} \geqslant \frac{I_{st}}{K_g} = \frac{76.5}{1.4} \approx 54.6 (A)$$

因为变频器的额定电流应不小于 54.6A，所以选择某型号 40kV·A 变频器，额定电流为 60A。

（6）一台变频器驱动一台电动机时变频器容量的选择

由于变频器传给电动机的是脉冲电流，其脉动值比工频供电时电流要大，因此，须将变频器的容量留有适当的裕量。当电动机连续恒载运转时，变频器应同时满足式(4-1) ～式(4-3) 三个条件。

【例 4-5】 一台笼型三相异步电动机，极数为 4 极，额定功率为 5.5kW、额定电压 380 V、额定电流为 11.6A、额定频率为 50Hz、额定效率为 85.5%、额定功率因数为 0.84。试选择一台通用变频器（采用 PWM 控制方式）。

解： 因为采用 PWM 控制方式的变频器，所以取电流波形的修正系数 $k = 1.10$，根据已知条件可得

$$S_{CN} \geqslant \frac{kP_M}{\eta \cos\varphi} = \frac{1.10 \times 5.5}{0.855 \times 0.84} \approx 8.4 (kV \cdot A)$$

$$S_{CN} \geqslant \sqrt{3} k U_M I_M \times 10^{-3} = \sqrt{3} \times 1.10 \times 380 \times 11.6 \times 10^{-3} \approx 8.4 (kV \cdot A)$$

$$I_{CN} \geqslant k I_M = 1.10 \times 11.6 = 12.8 (A)$$

根据日立 L100 系列小型通用变频器技术数据，故可选用 L100-055HFE 型或 L100-055HFU 型通用变频器，其额定容量 $S_{CN} = 10.3 kV \cdot A$，额定输出电流 $I_{CN} = 13A$，可以满足上述要求。

【例 4-6】 一台笼型三相异步电动机，极数为 6 极、额定功率为 5.5kW、额定电压为 380V、额定电流为 12.6A、额定频率为 50Hz、额定效率为 85.3%、额定功率因数为 0.78。试选择一台通用变频器（采用 PWM 控制方式）。

解： 因为采用 PWM 控制方式，所以取电流波形的修正系数 $k = 1.10$，根据已知条件可得

$$S_{CN} \geqslant \frac{kP_M}{\eta \cos\varphi} = \frac{1.10 \times 5.5}{0.853 \times 0.78} \approx 9.1 (kV \cdot A)$$

$$S_{CN} \geqslant \sqrt{3} k U_M I_M \times 10^{-3} = \sqrt{3} \times 1.10 \times 380 \times 12.6 \times 10^{-3} \approx 9.1 (kV \cdot A)$$

$$I_{CN} \geqslant k I_M = 1.10 \times 12.6 \approx 13.9 (A)$$

故可选用 L100-075HFE 型或 L100-075HFU 型通用变频器，其 $S_{CN} = 12.7 kV \cdot A$，$I_{CN} = 16A$，可以满足上述要求。

（7）指定加速时间时变频器容量的选择

如果变频器作为电动机的驱动电源，变频器的短时最大电流一般不超过额定电流的 200%。当实际电流超过额定值的 150% 以上时，变频器就会进行过流保护或防失速保护而停止加速，以保持转差率不要过

大。由于防失速功能的作用，实际加速时间加长了。防失速功能作用下的加减速控制曲线如图 4-1 所示。

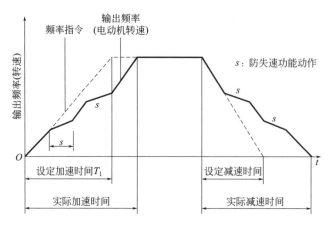

图 4-1　防失速功能作用下的加减速控制曲线

如果生产设备对加速时间有特殊要求，则必须先核算变频器的容量是否能够满足所要求的加速时间。如不能满足要求，则要加大一挡变频器的容量。

在指定加速时间的情况下，变频器所必需的容量按下式计算。

$$S_{CN} \geq \frac{kn}{937\eta\cos\varphi}T_L + \frac{GD^2 n_M}{375t_A} \tag{4-12}$$

式中，S_{CN} 为变频器容量，$kV \cdot A$；k 为电流波形补偿系数（PWM 控制方式时，取 $1.05 \sim 1.1$）；n_M 为电动机额定转速，r/min；T_L 为负载转矩，$N \cdot m$；η 为电动机效率（通常约为 0.85）；$\cos\varphi$ 为电动机功率因数（通常约为 0.75）；GD^2 为换算到的电动机轴上的飞轮力矩，$N \cdot m$；t_A 为电动机加速时间，s。

4.1.7　通用变频器用于特种电动机时的注意事项

上述变频器类型、容量的选择方法，均适用于普通笼型三相异步电动机。但是，当通用变频器用于其他特种电动机时，还应注意以下几点。

① 通用变频器用于控制高速电动机时，由于高速电动机的电抗小，会产生较多的谐波，这些谐波会使变频器的输出电流值增加。因此，选择的变频器容量应比驱动普通电动机的变频器容量稍大一些。

② 通用变频器用于变极电动机时，应充分注意选择变频器的容量，使电动机的最大运行电流小于变频器的额定输出电流。另外，在运行中进行极数转换

时，应先停止电动机工作，否则会造成电动机空载加速，严重时会造成变频器损坏。

③ 通用变频器用于控制防爆电动机时，由于变频器没有防爆性能，应考虑是否将变频器设置在危险场所之外。

④ 通用变频器用于齿轮减速电动机时，使用范围受到齿轮传动部分润滑方式的制约。润滑油润滑时，在低速范围内没有限制；在超过额定转速以上的高速范围内，有可能发生润滑油欠供的情况。因此，要考虑最高转速允许值。

⑤ 通用变频器用于绕线转子异步电动机时，应注意绕线转子异步电动机与普通异步电动机相比，绕线转子异步电动机绕组的阻抗小，因此容易发生由于谐波电流而引起的过电流跳闸现象，故应选择比通常容量稍大的变频器。一般绕线转子异步电动机多用于飞轮力矩（飞轮惯量）GD^2较大的场合，在设定加减速时间时应特别注意核对，必要时应经过计算。

⑥ 通用变频器用于同步电动机时，与工频电源相比会降低输出容量10％～20％，变频器的连续输出电流要大于同步电动机额定电流。

⑦ 通用变频器用于压缩机、振动机等转矩波动大的负载及油压泵等有功率峰值的负载时，有时按照电动机的额定电流选择变频器，可能会发生峰值电流使过电流保护动作的情况。因此，应选择比其在工频运行下的最大电流更大的运行电流作为选择变频器容量的依据。

⑧ 通用变频器用于潜水泵电动机时，因为潜水泵电动机的额定电流比普通电动机的额定电流大，所以选择变频器时，其额定电流要大于潜水泵电动机的额定电流。

总之，在选择和使用变频器前，应仔细阅读产品样本和使用说明书，有不当之处应及时调整，然后再依次进行选型、购买、安装、接线、设置参数、试车和投入运行。

值得一提的是，通用变频器的输出端允许连接的电缆长度是有限制的，若需要长电缆运行，或一台变频器控制多台电动机时，应采取措施抑制对地耦合电容的影响，并应放大一、二挡选择变频器的容量或在变频器的输出端选择安装输出电抗器。另外，在此种情况下变频器的控制方式只能为U/f控制方式，并且变频器无法实现对电动机的保护，需在每台电动机上加装热继电器实现保护。

4.2　变频调速系统中电动机的选择

4.2.1　电动机类型的选择

通用变频调速系统所配套的三相异步电动机一般有普通电动机、通用变频电动机与特殊高速电动机三类。

(1) 普通电动机

由于普通三相异步电动机结构简单、价格低廉、维修方便，所以普通三相异步电动机的使用非常广泛。但是，普通电动机在设计时并没有专门考虑到变频调速的要求，因此，在选用时必须注意以下几个方面。

① 普通电动机一般采用转子带风扇叶的"自扇冷"结构，因此，当电动机低速运行时，其散热能力将受到影响。

② 普通电动机是为工频、额定运行而设计的电动机，它没有考虑额定转速以上的运行要求，因此，当电动机高速运行时，将受到轴承、动平衡等因素的影响。

③ 由于电动机的生产厂家众多，普通电动机的产品质量相差甚远，因此，在采用变频调速后，电动机的负载能力和过载性能都将比工频、额定运行有较大的下降。

在变频调速系统中选用普通电动机时，需要注意以下几点：

① 由于电动机结构的限制，最高运行频率原则上不应超过 60Hz；

② 由于电动机散热条件的限制，最低运行频率原则上不应低于 10Hz；

③ 用于恒转矩调速时，应选择额定转矩是负载转矩 2 倍的电动机进行驱动。

(2) 通用变频电动机

通用变频电动机同样具有结构简单、价格低廉、维修方便等优点。由于这类电动机在设计时已经考虑了变频调速的要求，所以其结构有以下几个特点。

① 变频电动机一般采用独立供电的冷却风机进行冷却，当变频电动机低速运行时，不会影响本身的散热能力，变频电动机的过载能力与启动性能都要优于普通电动机。

② 由于变频电动机已经考虑额定转速以上的运行要求，所以允许的最高转速大；另外，由于变频调速电动机具有独立的冷却风机进行散热，所以允许的最低转速小。因此，其调速范围比普通电动机的调速范围宽。

③ 由于变频电动机的产品性能相对统一，输出特性得到了改善，因此，其负载能力和过载性能比普通电动机要好。

在变频速系统中选用通用变频电动机时，需要注意以下几点：

① 变频电动机的高速性能好，电动机的最高运行频率通常可以达到 $100\sim300\mathrm{Hz}$（取决于电动机）；

② 由于散热条件的改善，变频电动机可以在较低的频率下运行，并且有相应的负载能力和过载性能；

③ 虽然变频电动机的调速范围大，但它并不能解决变频调速的固有问题。因此，在恒转矩调速时，仍然应选择额定转矩是负载转矩 $1.5\sim2$ 倍的电动机进行驱动。

(3) 特殊高速电动机

特殊高速电动机是指在正常情况下需要工作在高频的特殊电动机，如内圆磨床用的电动机等。高速电动机的结构与普通电动机的结构有很大的差别，高速电动机有以下几个特点。

① 高速电动机的外观各异，结构不固定，且无冷却风机，电动机的散热条件恶劣，在设计时必须考虑采用强制冷却措施，防止电动机的温度超过允许范围。

② 高速电动机设计时主要考虑的是高速、高频运行要求，因此，电动机允许的最高转速高，轴承选择、结构动平衡措施完善。但是结构刚性较差，不能承受较大的轴向载荷与轴向冲击，也不宜用于低速。

③ 高速电动机的绕组设计紧凑，启动电流大；同时，由于电动机的转速高（通常在 $20000\mathrm{r/min}$ 以上），因此，虽然其输出功率大，但输出转矩一般较小。

在变频调速系统中选用高速电动机时，需要注意以下几点：

① 高速电动机适用于高速运行，它可以在电动机的最高频率下（通常可达 $300\sim600\mathrm{Hz}$）工作，但是低速性能较差；

② 由于散热条件恶劣，高速电动机原则上不可以过载运行，电动机和变频器必须留有足够大的余量；

③ 由于高速电动机的参数变化范围大，所以矢量控制往往难以实现，因此，

一般只能在 U/f 控制下使用；

④ 高速电动机的性能参数特殊，启动电流与额定工作电流之间的差距大，变频器的选用与参数设定必须正确、合理，有事需要通过反复试验，才能确定正确的变频器参数。

4.2.2 电动机功率的选择

(1) 注意事项

在用变频器构成变频调速系统时，有时需要利用原有电动机，有时需要增加新电动机，但无论哪种情况，要核算所需的电动机功率。在选择电动机的功率时必须注意以下几点。

① 注意变频调速与传统机械调速方式之间的区别。在采用机械变速时，电动机始终工作在额定状态，电动机经减速机减速后的输出转矩可以随着转速的下降同比例增加。例如，对于额定输出转矩为 40N·m 的电动机，经过 2∶1 减速后，输出转矩可以达到 80N·m。但是，采用变频调速时，在转速降低时不但不能增加转矩，而且还会导致输出转矩的下降（对于额定频率为 50Hz 的电动机，在 25Hz 工作时的实际输出转矩只有额定转矩的 85% 左右）。因此，在变频调速系统必须按照低速运行时的最大负载转矩与最大转矩时可能出现的最高转速来确定电动机的额定转矩与功率。

② 注意电动机的温升。采用变频调速后，电动机在不同频率下的损耗将大于额定频率时的损耗，电动机的温升也将比额定频率时的温升更高，因此，即使是同功率的负载，采用变频调速时的电动机也应比在额定频率下工作的电动机增加 15%~20% 的功率。

③ 当变频调速系统需要长时间低速工作时，必须采用独立供电的风机等冷却措施。

(2) 选择方法

由于普通电动机的铭牌中一般只标出额定功率、额定电压、额定频率、额定电流和额定转速，但是选择电动机时则需要额定转矩。功率 P 与转矩 T 两者可以根据下式进行换算：

$$P = T\Omega = T\frac{2\pi}{60}n = \frac{1}{9.55}Tn \tag{4-13}$$

式中，P 为功率，W；T 为转矩，N·m；Ω 为角速度，rad/s；n 为转速，r/min。

由于电动机的功率通常用 kW 表示，所以式（4-13）可以改为

$$P = \frac{1}{9550} Tn \qquad (4\text{-}14)$$

选择电动机的功率 P 时上式中的转矩 T 应取大于负载的最大转矩，转速 n 一般应为最高转速。上式计算出的功率称为电动机的理论功率。

在考虑变频调速损耗与安全裕量后，作为简单的方法，电动机的额定功率 P_{MN} 可以按照下式进行选择

$$P_{MN} \geqslant (1.5 \sim 2.0) P \qquad (4\text{-}15)$$

此外，电动机的功率还可以根据实际的变频调速输出特性曲线，通过最低频率时的实际输出转矩，在考虑各方面的损耗与裕量后确定。

由于电动机由通用变频器供电，其机械特性与直接电网供电时有所不同，所以电动机的功率需要按通用变频器供电的条件选择，否则难以达到预期的目的，甚至造成不必要的经济损失。下面以最常用的普通异步电动机为例，说明采用通用变频器构成变频调速系统时，如何选择或确定电动机的功率及一般需要考虑的因素。

① 所确定的电动机功率应大于负载所需要的功率，应以正常运行速度时所需的最大输出功率为依据，当环境较差时宜留一定的裕量。

② 应使所选择的电动机的最大转矩与负载所需要的启动转矩相比有足够的裕量。

③ 所选择的电动机在整个运行范围内，均应有足够的输出转矩。当需要拆除原有的减速箱时，应按原来的减速比考虑增大电动机的功率。

④ 应考虑低速运行时电动机的温升能够在规定的温升范围内，确保电动机的寿命周期。

⑤ 针对被拖动机械负载的性质，确定合适的电动机运行方式。

考虑以上条件，实际的电动机容量可根据电动机的功率＝被驱动负载所需的功率＋将负载加速或减速到所需速度的功率的原则来定。

4.2.3 电动机转速的选择

选择电动机的额定转速时，主要应考虑电动机在变频工作时的最高转速要

求，系统所要求的最低转速需通过变频器的调速范围保证，当两者不能兼顾时，应增加机械变速装置或采取其他措施（如变极调速等）。

实践证明，对于额定频率为 50Hz 的普通三相异步电动机，允许正常工作的频率为 60Hz，因此，对于采用普通电动机的变频调速系统，如系统要求的电动机最高转速为 $n_{\max}$，则电动机额定转速 n_{MN} 应保证

$$n_{\mathrm{MN}} \geqslant \frac{n_{\max}}{1.2}$$

而对于变频电动机与特殊高速电动机，则应根据电动机最高工作频率与额定转速进行计算。

【例 4-7】已知某输送设备利用同步皮带进行传动，输送装置配套有速比 $i=4$ 的机械减速器，要求减速器输出转速范围为 80～360r/min，调速精度为 ±1%；驱动输送带所需要的转矩为 $T_{\mathrm{L}}=310\mathrm{N\cdot m}$（存在短时 200% 过载）。拟采用变频器进行调速，试确定驱动电动机的主要参数。

(1) 确定电动机的额定转速 n_{MN}

根据实际转速和速比 i 可以直接计算出本输送带驱动电动机的实际工作转速范围为 320～1440r/min，因此，可以选择电动机的同步转速为 1500r/min（极对数为 2，额定转速 n_{MN} 在 1450r/min 左右）。

(2) 电动机的功率估算法

变频器的机械减速器装置 $i=4$；负载转矩经过减速器后折算到电动机侧的转矩为

$$T = \frac{T_{\mathrm{L}}}{i} = 310/4 = 77.5(\mathrm{N\cdot m})$$

在不考虑变频调速影响时，从理论上说，电动机的理论功率为

$$P = \frac{1}{9550}Tn = \frac{77.5 \times 1440}{9550} \approx 11.69(\mathrm{kW})$$

当考虑变频调速损耗，如按照式（4-15）进行估算，电动机的额定功率 P_{MN} 应为

$$P_{\mathrm{MN}} = (1.5 \sim 2) \times P = (1.5 \sim 2) \times 11.69 = 17.54 \sim 23.38(\mathrm{kW})$$

为此，可以选择 18.5kW 或 22kW 的普通三相异步电动机。

所以，本例可以选择 18.5kW 的感应电动机，电动机参考型号为：Y180M-4；电动机参数为：$P_{\mathrm{MN}}=18.5\mathrm{kW}$、$n_{\mathrm{MN}}=1470\mathrm{r/min}$、$f_{\mathrm{N}}=50\mathrm{Hz}$、$I_{\mathrm{MN}}=35.9\mathrm{A}$。

4.2.4 选用异步电动机时的注意事项

笼型异步电动机由通用变频器供电时由于高次谐波的影响和电动机运行速度范围的扩大，将出现一些新的问题。即笼型异步电动机由变频器供电时与由工频电源直接供电时有较大的差别。因此，选用异步电动机时应引起注意。

采用变频器供电对异步电动机的影响如下：

(1) 谐波电压和谐波电流对电动机效率和温升的影响

不论何种变频装置，在工作中均会产生不同程度的谐波电压和谐波电流，使异步电动机在非正弦电流下工作。就目前比较普遍使用的电压型 SPWM 变频器而言，其低次谐波电压基本上为零，但含有丰富的可能比载波频率更高的高次谐波。高次谐波会引起定子铜损耗、转子铝损耗、铁损耗及附加损耗的增加，其中最为显著的是转子损耗。因为异步电动机是以接近于基波频率所对应的同步转速旋转的，因而高次谐波磁通以较大的转差切割转子导条后便产生很大的转子损耗。除此以外，还有因集肤效应所产生的附加铜损耗等。这些损耗都会使电动机额外发热、效率降低、输出功率下降，如将普通异步电动机运行于变频器输出的非正弦电压条件下，其温升一般约增加 10% 左右。

(2) 冲击电压对电动机绝缘结构的影响

目前中、小容量变频器绝大多数采用 PWM 控制方式。其载波频率约为几千赫兹到几十千赫兹，这就使电动机线圈需要承受很高的电压上升率，即 dU/dt 值很高，相当于电动机线圈上反复施加电压陡度极大的冲击电压，使电动机匝间绝缘承受考验。另外，由 PWM 变频器产生的矩形斩波冲击电压叠加在电动机运行电压上，会对电动机的对地绝缘形成威胁，导致电动机的绝缘材料在高电压的反复冲击下加速老化。

(3) 谐波对电磁噪声与振动的影响

当采用变频器供电时，变频器电源中含有的各次谐波与电动机电磁部分的固有谐波相互干扰，形成各种电磁激振力，当电磁力波的频率和结构件的固有振动频率一致或接近时，将产生共振现象，加大噪声。由于电动机工作的频率范围宽，转速变化的范围大，各种电磁力波的频率很难完全避开电动机各种结构件的固有频率。普通异步电动机用变频器供电时的噪声，比用电网供电时一般约增加10dB 左右。

（4）变频调速带来的冷却问题

普通异步电动机用变频器供电调速时，由于高次谐波会引起定子铜损耗、转子铝损耗、铁损耗及附加损耗的增加，以致电动机温升过高。对自带风扇的普通异步电动机，在转速降低时冷却风量将与转速的 3 次方成比例减少，这必将使电动机的低速运转温升急剧增加，而难以实现恒转矩输出；而在高速区，可能风耗和噪声会很高，这对变频电动机的冷却提出了新的要求。所以变频调速电动机往往需要安装强制冷却装置。

（5）变频对轴承的影响

通常电网供电电动机的工频频率低，电源中点对地阻抗及电动机容性电抗较大，有效地抑制了轴电压和轴电流；而在变频器供电时，高频 PWM 驱动使得供电的不平衡变得更加严重，零点漂移电压中含有大量的高次谐波，零序阻抗很小，轴电流加大。同时，高频作用使得电动机内部的分布参数作用亦不可忽略，因此高频驱动比正弦波驱动易感应更多的电容耦合电流。而且在高载波频率下，长期运行会引起轴承润滑油层老化，降低轴承寿命。流过轴承的电流不但会破坏油膜的稳定，而且将在轴承的球和沟道，特别是滑动轴承的轴颈和轴瓦的表面产生电弧放电麻点，从而破坏轴承的粗糙度和油膜形成条件，导致轴承温度升高甚至烧毁。

由于异步电动机采用变频器供电时，其电气性能和温升等将受到很大的影响，因此，应尽量选择变频调速专用电动机。

4.2.5 变频调速电动机的特点

变频调速异步电动机是电机行业产品发展的必然趋势，其最主要的特点是具有高效率的驱动性能和良好的控制特性。应用变频调速异步电动机不仅可以节约大量电能，而且变频器自动控制性能的进一步改善也为变频调速系统提供了良好的发展前景。

普通异步电动机采用变频器装置供电与采用电网供电不同。采用变频器装置供电时，电动机端输入的电压、电流非正弦，其中谐波分量对异步电动机的运行性能会产生显著影响，如电流增大，损耗增加，效率、功率因数降低，温升增加，还会出现转矩脉动、振动和噪声增大、绕组绝缘易老化等。而且采用普通的异步机进行变频调速时，电动机性能很难符合要求。这就要求从电动机本体出发，对变频调速异步电动机进行合理设计和整体优化。因此，人们开发设计了专用的变频调速异步电动机（称变频调速异步电动机，简称变频电机）。

YVF2 系列变频调速异步电动机是在 Y2 系列异步电动机的基础上，开发设计的通用型变频调速异步电动机。本系列电动机的设计原则为在 Y2 系列基础上的电磁派生，结构上尽量与 Y2 系列通用。这样，既保证了与基本系列结构件的通用性，也便于工厂的生产和管理，但考虑到变频电动机的特殊性，因为电动机的速度变化范围大，一种风扇不可能在各种速度下都能同时满足要求，在低速时，可能冷却效果不佳；在高速区，可能风耗和噪声又很高，所以本系列电动机冷却结构设计采用独立供电的轴流风机，冷却空气经风罩导向，吹拂电动机表面散热筋，对电动机进行强迫冷却。

4.3　变频器外围设备的选择

在组建变频调速系统时，首先要根据负载选择变频器。在选定了变频器以后，下一步的工作就是根据需要选择与变频器配合工作的各种配套设备（又称外围设备）。选择变频器的外围设备主要是为了以下几个目的：

① 保证变频器驱动系统能够正常工作；

② 提供对变频器和电动机的保护；

③ 减少对其他设备的影响。

变频器的外围设备在变频器工作中起着举足轻重的作用。例如，变频器主电路设备直接接触高电压大电流，主电路外围设备选用不当，轻则变频器不能正常工作，重则会损坏变频器。为了让变频调速系统正常可靠地工作，正确选用变频器的外围设备非常重要。

变频器主电路的外围设备有熔断器、断路器、交流接触器（主触点）、交流电抗器、噪声滤波器、制动电阻、直流电抗器和热继电器（发热元件）等。变频器主电路外围设备和接线如图 4-2 所示，这是一个较齐全的主电路接线图。外围设备可根据需要选择，在实际中有些设备可不采用，但是，断路器、电动机等一般是必备的。

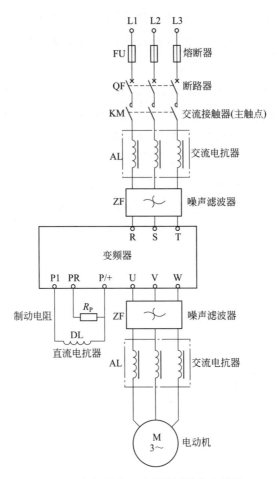

图 4-2 变频器主电路的外围设备和接线

4.3.1 熔断器和断路器的选择

(1) 熔断器的选择

熔断器的基本结构主要由熔体、安装熔体的熔管（或盖、座）、触点和绝缘底板等组成。其中，熔体是指当电流大于规定值并超过规定时间后融化的熔断体部件，它是熔断器的核心部件，它既是感测元件又是执行元件，一般用金属材料制成，熔体材料具有相对熔点低、特性稳定、易于熔断等特点。

熔断器的工作原理实际上是一种利用热效应原理工作的保护电器，它通常串联在被保护的电路中，并应接在电源相线输入端。当电路为正常负载电流时，熔体的温度较低；而当电路中发生短路或过载故障时，通过熔体的电流随之增大，熔体开始发热。当电流达到或超过某一定值时，熔体温度将升高到熔点，便自行熔断，分断故障电路，从而达到保护电路和电气设备、防止故障扩大的目的。熔体的保护作用是一次性的，一旦熔断即失去作用，应在故障排除后，更换新的相同规格的熔体。

熔断器结构简单、使用方便、价格低廉，广泛应用于低压配电系统和控制电路中，主要作为短路保护元件，也常作为单台电气设备的过载保护（又称过电流保护）元件。

熔断器按结构形式可分为半封闭插入式熔断器、无填料密闭管式熔断器、有填料封闭管式熔断器、快速熔断器和自复熔断器五类。

熔断器选择的一般原则如下：

① 应根据使用条件确定熔断器的类型；

② 选择熔断器的规格时，应首先选定熔体的规格，然后再根据熔体去选择熔断器的规格；

③ 在配电系统中，各级熔断器应相互匹配，一般上一级熔体的额定电流要比下一级熔体的额定电流大 2～3 倍；

④ 熔断器的额定电流应不小于熔体的额定电流；额定分断能力应大于电路中可能出现的最大短路电流；

⑤ 熔断器的额定电压应等于或大于所在电路的额定电压。

熔断器用来对变频器进行过电流保护时，熔体的额定电流 I_{UN} 可根据下式选择：

$$I_{UN} > (1.1 \sim 2.0) I_{MN}$$

式中　I_{UN}——熔体的额定电流，A；

　　　I_{MN}——电动机的额定电流，A。

（2）断路器的选择

断路器俗称自动空气开关，是指能接通、承载以及分断正常电路条件下的电流，也能在规定的非正常电路条件（例如短路）下接通、承载一定时间和分断电流的一种机械开关电器。按规定条件，对配电电路、电动机或其他用电设备实行通断操作并起保护作用，即当电路内出现过载、短路或欠电压等情况时能自动分断电路的开关电器。

断路器按结构形式，可分为万能式（曾称框架式）和塑料外壳式（曾称装置式）。

断路器的主要作用是保护交、直流电路内的电气设备，也可以不频繁地操作电路。断路器具有动作值可调整、兼具过载和保护两种功能、安装方便、分断能力强，特别是在分断故障电流后一般不需要更换零部件，因此应用非常广泛。

在这里断路器除了为变频器接通电源外，还有如下作用：

① 隔离　当变频器需要检查或修理时，断开断路器，使变频器与电源隔离；

② 保护　当变频器电路发生过电流、欠电压等故障时，可以快速切断变频器的电源，防止变频器及其线路故障导致电源故障。

由于断路器具有过电流自动掉闸保护功能，为了防止产生误动作，正确选择断路器的额定电流非常重要。断路器的额定电流 I_{QN} 选择分下面两种情况：

① 一般情况下，I_{QN} 可根据下式选择：

$$I_{QN} > (1.3 \sim 1.4) I_{CN}$$

式中　I_{CN}——变频器的额定电流，A。

② 在工频和变频切换电路中，I_{QN} 可根据下式选择：

$$I_{QN} > 2.5 I_{MN}$$

式中　I_{MN}——电动机的额定电流，A。

(3) 选择断路器和快速熔断器的注意事项

选用空气断路器和快速熔断器时，需要注意以下几点：

① 变频器接通电源时，有较大的充电电流。对于容量较小的变频器，有可能使断路器或快速熔断器误动作；

② 在变频器的输入电流内，包含大量的高次谐波成分。因此，电流的峰值有可能比基波分量的幅值大很多，可能导致断路器和快速熔断器误动作；

③ 变频器本身具有 150%、1min 的过载能力。如果断路器和快速熔断器的动作电流过小，将使变频器的过载能力不能发挥作用。

所以，在选择断路器和快速熔断器时，必须注意其"断路电流"的大小，即注意断路器和快速熔断器的保护电流的大小。

4.3.2　接触器的选择

接触器是指仅有一个起始位置，能接通、承载和分断正常电路条件（包括过载运行条件）下的电流的一种非手动操作的机械开关电器。它可用于远距离频繁地接通和分断交、直流主电路和大容量控制电路，具有动作快、控制容量大、使用安全方便、能频繁操作和远距离操作等优点，主要用于控制交、直流电动机，也可用于控制小型发电机、电热装置、电焊机和电容器组等电气设备，是电力拖动自动控制电路中使用最广泛的一种低压电器元件。

接触器能接通和断开负载电流，但不能切断短路电流，因此接触器常与熔断器和热继电器等配合使用。

交流接触器的通用性很强，在这里主要用于变频器出现故障时，自动切断主电源。根据安装位置不同，交流接触器可分为输入侧交流接触器和输出侧交流接触器。

（1）接触器主触点额定电流的选择

① 输入侧交流接触器　输入侧交流接触器安装在变频器的输入端，它既可以远距离接通和分断三相交流电源，在变频器出现故障时还可以及时切断输入电源。

输入侧交流接触器的主触点接在变频器的输入侧，因为接触器本身并无保护功能，故不考虑误动作的问题。只要其主触点的额定电流大于变频器的额定电流就可以了，所以输入侧交流接触器的主触点额定电流 I_{KN} 可根据下式选择：

$$I_{KN} \geqslant I_{CN}$$

式中　I_{CN}——变频器的额定电流，A。

② 输出侧交流接触器　当变频器用于工频/变频切换时，变频器输出端需接输出侧交流接触器。

由于变频器输出电流中含有较多的谐波成分，其电流有效值略大于工频运行的有效值，故输出侧交流接触器的主触点的额定电流应略大于电动机的额定电流，所以输出侧交流接触器的主触点额定电流 I_{KN} 可根据下式选择：

$$I_{KN} > 1.1 I_{MN}$$

式中　I_{MN}——电动机的额定电流，A。

（2）选择注意事项

由于接触器的安装场所与控制的负载不同，其操作条件与工作的繁重程度也不同。因此，必须对控制负载的工作情况以及接触器本身的性能有一个较全面的了解，力求经济合理、正确地选用接触器。也就是说，在选用接触器时，不仅考虑接触器的铭牌数据，因铭牌上只规定了某一条件下的电流、电压、控制功率等参数，而具体的条件又是多种多样的，因此，在选择接触器时还应注意以下几点：

① 选择接触器的类型。接触器的类型应根据电路中负载电流的种类来选择。也就是说，交流负载应使用交流接触器，直流负载应使用直流接触器。若整个控制系统中主要是交流负载，而直流负载的容量较小，也可全部使用交流接触器，但触点的额定电流应适当大些。

② 选择接触器主触点的额定电流。主触点的额定电流应大于或等于被控电路的额定电流。若被控电路的负载是电动机，其额定电流可按下式推算，即

$$I_{MN} = \frac{P_{MN} \times 10^3}{\sqrt{3} U_{MN} \cos\varphi_M \eta_M}$$

式中　I_{MN}——电动机的额定电流，A；

　　U_{MN}——电动机的额定电压，V；

　　P_{MN}——电动机的额定功率，kW；

　　$\cos\varphi_M$——电动机的功率因数；

　　η_M——电动机的效率。

③ 选择接触器主触点的额定电压。接触器的额定工作电压应不小于被控电路的最大工作电压。

④ 接触器的额定通断能力应大于通断时电路中的实际电流值；耐受过载电流能力应大于电路中最大工作过载电流值。

⑤ 应根据系统控制要求确定主触点和辅助触点的数量和类型，同时要注意其通断能力和其他额定参数。

4.3.3　电抗器的作用与选择

(1) 电抗器的分类

具有一定电感值的电器，通称为电抗器。即从本质上讲，电抗器就是一种电感元件，用于电网、电路中，起限流、稳流、无功补偿、移相等作用。

电抗器分为空心电抗器和铁芯电抗器两大类。

① 空心电抗器　空心电抗器只有绕组而中间无铁芯，是一个空心的电感线圈。空心电抗器主要用作限流、滤波、阻波等元件，如限流电抗器、分裂电抗器、断路器、低压开关和接触器等型式试验用的试验电抗器等。

② 铁芯电抗器　铁芯电抗器结构上与变压器相似，有铁芯和绕组。在整体结构上，铁芯式并联电抗器与变压器相似，有铁芯、绕组、器身绝缘、变压器油、油箱等部件，所不同的是电抗器铁芯有气隙，每相只有一个绕组。

(2) 交流电抗器的作用与选择

① 交流电抗器的作用

a. 抑制谐波电流，提高变频器的电能利用效率（可将功率因数提高至 0.85 以上）。

b. 由于电抗器对突变电流有一定的阻碍作用，故在接通变频器瞬间，可降低浪涌电流，减小电流对变频器冲击。

c. 可减小三相电源不平衡的影响。

交流电抗器的作用是消除电网中的电流尖峰脉冲与谐波干扰。由于通用变频器一般都采用电压控制型逆变方式，这种逆变方式首先需要将交流电网电压经过整流、电容滤波转变成平稳的直流电压，而大容量的电容充、放电将导致输入端出现尖峰脉冲，对电网产生谐波干扰，影响其他设备的正常运行。从另一方面看，如果电网本身存在尖峰脉冲与谐波干扰，同样也会给变频器上的整流元件与滤波电容带来冲击，并造成元器件的损坏。总之，通过交流电抗器消除尖峰脉冲的干扰，无论对电网还是对变频器都是有利的。

② 交流电抗器的应用场合　交流电抗器不是变频器必用外部设备，可根据实际情况考虑使用。当遇到下面的情况之一时，可考虑给变频器安装交流电抗器：

a. 电源的容量很大，供电电源的变压器容量大于变频器容量 10 倍以上时，应安装交流电抗器。

b. 若在同一供电电源中接有容量较大的晶闸管整流设备，或者电源中接有补偿电容（提高功率因数）时，应安装交流电抗器。

c. 向变频器供电的三相供电电源不平衡度超过 3% 时，应安装交流电抗器。

d. 变频器功率大于 30kW 时，应安装交流电抗器。

e. 变频器供电电源中含有较多高次谐波成分时，应考虑安装交流电抗器。

另外，当遇到以下两种情况之一时，变频器的输出侧一般需要考虑接入输出电抗器：

a. 电动机与变频器之间的距离较远时，应考虑接入输出电抗器。因为变频器的输出电压是按载波频率变化的高频电压，输出电流中也存在着高频谐波电流。当电动机和变频器之间的距离较远（大于 30m）时，传输线路中，分布电感和分布电容的作用将不可小视。可能使电动机侧电压升高、电动机发生振动等。接入输出电抗器后，可以削减电压和电流中的高次谐波成分，从而缓解上述现象。

b. 轻载的大电动机配用容量较小的变频器时，应考虑接入输出电抗器。例如，一台电动机的额定功率时 75kW，而实际运行功率只有 40kW。这时，可以配用一台 55kW 的变频器。但是必须注意，75kW 的电动机的等效电感比 55kW 的电动机的等效电感小，故其电流的峰值较大，有可能损坏 55kW 的变频器。接入输出电抗器后，可以削减输出电流的峰值，从而保护变频器。

③ 电抗器的选择　当交流电抗器用于谐波抑制时，如果电抗器所产生的压降能够达到供电电压（相电压）的 3%，就可以使得谐波电流分量降低到原来的 44%，因此一般情况下，变频器配套的交流电抗器的电感量以所产生的压降为供电电压的 2%～4% 进行选择，即电感量可以通过下式进行计算：

$$L = (0.02 \sim 0.04) \frac{U_1}{\sqrt{3}} \times \frac{1}{2\pi f I_{C1}}$$

式中　U_1——电源线电压，V；

　　I_{C1}——变频器的输入电流，A；

　　L——电抗器电感，H。

当已知变频器的输入容量 S_{C1} 时，根据三相交流容量计算公式 $S_{C1} = \sqrt{3} U_1 I_{C1}$ 可以得到

$$L = (0.02 \sim 0.04) \frac{1}{2\pi f} \times \frac{U_1^2}{S_{C1}} (\text{mH})$$

式中　U_1——电源线电压，V；

　　S_{C1}——变频器的输入容量，kV·A；

　　L——电抗器电感，mH。

对于三相 380 V/50Hz 供电的场合，上式可以简化为

$$L = (9.2 \sim 18.4) \frac{1}{S_{C1}} (\text{mH})$$

(3) 直流电抗器的选择

直流电抗器的作用是削弱变频器开机瞬间电容充电形成的浪涌电流，同时提高功率因数。与交流电抗器相比，直流电抗器不但体积小，而且结构简单，提高功率因数更有效。若两者同时使用，可使功率因数达到 0.95，大大提高了变频器的电能利用率，变频器对电源容量要求可以降低 20%～30%。因此，在大功率的变频器（大于 22kW）上，一般需要加入直流电抗器。

直流电抗器的电感量的计算方法与交流电抗器类似，由于三相整流、电容平波后的直流电压为输入相电压的 2.34 倍，因此，电感量也可以按照同容量交流电抗器的 2.34 倍进行选择，即

$$L = (0.05 \sim 0.10) \frac{1}{2\pi f} \times \frac{U_1^2}{S_{C1}} (\text{mH})$$

4.3.4　噪声滤波器的作用与选择

变频器由于采用了 PWM 调制方式，变频器工作时，会在电流、电压中包含很多高次谐波成分，这些高次谐波中有部分已经在射频范围，即变频器在工作时将向外部发射无线电干扰信号。同时，来自电网的无线电干扰信号也可能引起变

频器内部电磁敏感部分的误动作。因此，在环境要求高的场合，需要通过噪声滤波器（又称电磁滤波器）来消除这些干扰。

在变频器输入侧安装噪声滤波器可以防止高次谐波干扰信号窜入电网，干扰电网中其他的设备，也可阻止电网中的干扰信号窜入变频器。在变频器输出侧的噪声滤波器可以防止干扰信号窜入电动机，影响电动机正常工作。一般情况下，变频器可不安装噪声滤波器，若需要安装，建议安装变频器专用的噪声滤波器。变频器专用噪声滤波器的外形和结构如图 4-3 所示。

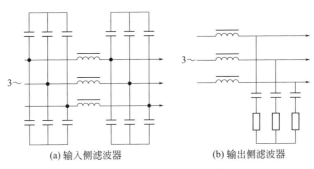

图 4-3　噪声滤波器的结构

由于变频器所产生的电磁干扰一般在 10MHz 以下的频段，噪声滤波器除了可以与变频器配套进行采购外，也可以直接将电源线通过在环形磁芯（也称零相电抗器）上同方向绕制若干匝（一般 3～4 匝）后制成小电感，以抑制干扰。变频器的输出（电动机）侧也可以进行同样的处理，如图 4-4 所示。

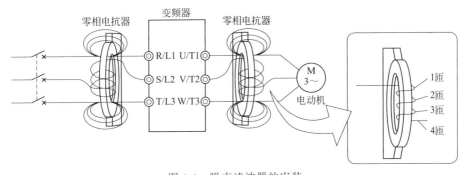

图 4-4　噪声滤波器的安装

4.3.5　制动电阻的作用与选择

(1) 制动电阻的作用

变频调速系统在制动时，电动机侧的机械能转换为电能。从电动机再生出来的电能将通过续流二极管返回到直流母线上,引起直流母线电压的升高,如果不采取措施,变频器将过压跳闸。为此,在变频器上都需要安装用于消耗制动能量的制动单元与制动电阻。制动电阻的作用是在电动机减速或制动时消耗惯性运转产生的电能,使电动机能迅速减速或制动。

小功率的变频器内部都配置有标准的制动电阻,但是内置电阻的功率通常很小,在频繁制动或制动强烈时,往往会由于功率的不足导致变频器报警,此时需要通过外接制动电阻来增加制动力。

对于大功率变频器,由于其制动能量大,不但制动电阻需要外接,而且还需要安装用于制动电阻通/断控制的开关功率管与电压比较电路(称为"制动单元")。

制动电阻的选择有一定的要求,阻值过大将达不到所需的制动效果;阻值过小,则容易造成制动开关管的损坏,为此,应尽可能选择变频器生产厂家所配套提供的制动电阻与制动单元。

(2) 制动电阻的选择

为了使制动达到理想效果且避免制动电阻烧坏,选用制动电阻时需要计算阻值和功率。

① 阻值的计算　精确计算制动电阻的阻值要涉及很多参数,且计算复杂,一般情况下可按下式粗略估算:

$$R_{\mathrm{B}} = \frac{2U_{\mathrm{DB}}}{I_{\mathrm{MN}}} \sim \frac{U_{\mathrm{DB}}}{I_{\mathrm{MN}}}$$

式中　R_{B}——制动电阻的阻值,Ω;

U_{DB}——直流回路允许的上限电压值,V,我国规定 $U_{\mathrm{DB}} = 600\mathrm{V}$;

I_{MN}——电动机的额定电流,A。

② 功率的计算　制动电阻的功率可按下式计算:

$$P_{\mathrm{B}} = \alpha_{\mathrm{B}} \frac{U_{\mathrm{DB}}^2}{R_{\mathrm{B}}}$$

式中　P_{B}——制动电阻的功率,W;

U_{DB}——直流电路允许的上限电压值,V;

R_{B}——制动电阻的阻值,Ω。

α_{B}——修正系数。

α_{B} 可按下面的规律取值:

a. 在不反复制动时，若制动时间小于 10s，取 $\alpha_B = 7$；若制动时间超过 100s，取 $\alpha_B = 1$；若制动时间在 $10 \sim 100s$，α_B 可按比例选取 $1 \sim 7$ 之间的值。

b. 在反复制动时，若 $\dfrac{t_B}{t_C} < 0.01$（t_B 为每次制动所需的时间，t_C 为每次制动周期所需的时间），取 $\alpha_B = 7$；若 $\dfrac{t_B}{t_C} > 0.15$，取 $\alpha_B = 1$；若 $0.01 < \dfrac{t_B}{t_C} < 0.15$，$\alpha_B$ 可按比例选取 $1 \sim 7$ 之间的值。

(3) 选用制动电阻的注意事项

① 电阻器的额定电压应大于电路的工作电压。

② 电阻器功率应大于计算功率。一般，功率与电流较小而电阻值大时可选用管形电阻；而功率与电流大时，则可选用板形等电阻；如需功率、电流与电阻都大时，则可采用多个电阻串、并联或混联。

③ 当电阻器的电阻值需进行调整的，可选用可调或带有抽头的电阻器，如需在正常运行中随时调整的，则可选用变阻器。

④ 若电阻器的安装尺寸有一定限制，则需根据允许的安装尺寸选用电阻器型号。

4.3.6 主电路、控制电路用导线的选用

(1) 主电路用导线

选择主电路导线与选择普通动力电缆一样，应考虑电路中电流容量、短路保护、因温度升高造成的容量减少和线路上的电压降及接线端子构造等问题。

必须注意，因为变频器的输入功率因数小于 1，所以变频器的输入电流通常会大于电动机电流。而且，当变频器与电动机之间的配线距离很长时，线路上的压降增大，有时会出现因电压过低造成电动机转矩不足，电流增大，电动机过热等现象。特别是当变频器输出频率很低时，其输出电压也很低，对于采用 U/f 控制的通用变频器来说，线路的压降对 U/f 值也将有较大的影响，所以尤其需要注意。

一般来说，在选择主电路导线的线径时，应保证变频器与电动机之间的线路电压降在 $2\% \sim 3\%$ 以内。而线路上的电压降一般由下式求得

$$\Delta U = \frac{\sqrt{3} R_0 l I}{1000}$$

式中　ΔU——线路电压降，V；

　　　R_0——单位长度的导线电阻，mΩ/m；

　　　l——导线长度，m；

　　　I——线路中电流，A；

常用铜导线单位长度电阻值见表 4-9。

表 4-9　铜导线单位长度电阻值

截面积/mm²	1.0	1.5	2.5	4.0	6.0	10.0	16.0	25.0	35.0
R_0/(mΩ/m)	17.8	11.9	6.92	4.40	2.92	1.74	1.10	0.69	0.49

另外，在配线距离较长的场合，为了减小低速运行区域的电压下降，避免造成电动机转矩不足，应使用线径较大的电线。当导线线径太大而无法在电动机和变频器的接线端子上直接接线时，可采用加转接头（设中继端子）的办法，如图 4-5 所示。

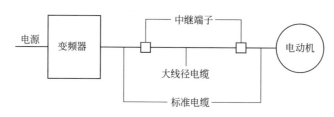

图 4-5　大直径电缆线中继连接

(2) 控制电路用导线

① 电线截面积　小信号控制电路通过的电流很小，一般不进行线径计算。考虑到导线的强度和连接要求，选用导线的截面积大于 $0.75mm^2$ 就可以了。另外，除电源电路以外，其余配线应选用屏蔽线或双绞屏蔽线。

接触器、按钮等强电控制电路（即与控制电源电路本身及外部供电电源有关的电路）应选用截面积在 $2mm^2$ 以上的导线。

② 配线距离　由于频率指令、操作指令电线受到感应电压干扰会引起误动作，所以在进行控制电路布线时应该按照布线要求布线。配线距离较长时，要特别注意。一般在 100 m 以内用屏蔽线或双绞屏蔽线，并与动力线分开走。配线距离超过该长度时，必须使用信号隔离器。

5 变频器的安装及布线

5.1 变频器的安装

5.1.1 对变频器安装环境的要求

变频器是精密电子设备，为了确保其稳定运行，计划安装时，对其工作的场所和环境必须进行考虑，以使其充分发挥应有的功能。

(1) 环境温度

变频器运行中，周围温度的允许值一般为 $-10 \sim 40℃$，避免阳光直射。如果散热条件好，其上限温度可提高到 $50℃$。

温度对电子元件的寿命和可靠性影响很大，特别是当半导体元件的温度超过规定值时，将会直接造成元器件的损坏。由于变频器内部存在着功率损耗，工作过程中会导致变频器发热，要使周围温度控制在允许范围内，必须在变频器安装柜内增设换气装置或通风口，甚至增设空调制冷，强迫降低周围温度。

(2) 环境湿度

当空气中的湿度较大时，将会引起金属腐蚀，使绝缘性能变差，并由此引起漏电，甚至打火、击穿等现象。变频器厂家都在变频器的技术说明书中给出了对湿度的要求，一般要求相对湿度为 $20\% \sim 90\%$ RH（无结露现象）。因此，应该按照厂家的要求采取各种必要的措施，以保证变频器内部不出现结露现象。如果设置场所有限，湿度较高，应采用密封式结构并采取除湿措施。

（3）周围环境

变频器周围不能有腐蚀性、爆炸性或可燃性气体。少尘埃、少油雾。腐蚀性气体会腐蚀变频器内的金属部分，不能维持变频器长期稳定地运行；如果有爆炸性气体的存在，则变频器内继电器和接触器动作时产生的火花，电阻等发热器件的高温，都有可能引发着火，发展为火灾或爆炸事故；如果尘埃和油雾过多，在变频器内附着、堆积，将会导致绝缘降低，影响发热体散热，降低冷却进风量，使变频器内温度升高，不能稳定运行。

（4）振动

变频器设置场所的振动加速应限制在 $5.9\mathrm{m/s^2}(0.6g)$ 以内，振动超值时会使变频器的紧固件松动，继电器和接触器等触点部件误动作，可能导致不稳定运行。所以在振动场所安装使用变频器时，应采取相应的防振措施，并进行定期检查和维护、加固。

（5）海拔高度

变频器应用的海拔高度应低于 1000m。如果海拔增高，空气含量降低，将影响变频器散热。因此，变频器设置环境海拔高度大于 1000m 时，变频器要降额使用。

（6）其他条件

变频器的安装环境还应满足以下条件：

① 结构房或电气室应湿气少，无水浸顾虑。

② 变频器易于搬进、搬出。

③ 定期的变频器维修和检查易于进行。

④ 应备有通风口或换气装置，以排出变频器产生的热量。

⑤ 应与易受高次谐波干扰的装置隔离。

5.1.2 变频器安装区域的划分

由变频器的工作原理可知，变频器对外界的电磁干扰不可避免。变频器一般装在金属柜中，对于金属柜外面的仪器设备，受变频器本身的辐射发射影响很小。对外连接电缆是主要辐射发射源，依照有关的电缆要求接线，可以有效抑制电缆的辐射发射。

在变频器与电动机构成的传动系统中，变频器、接触器等都可以是噪声源，自动化装置、编码器和传感器等易受噪声干扰。为了抑制变频器工作时的电磁干扰，安装时可依据各外围设备的电气特性，分别安装在不同的区域，如图 5-1 所示。图中各区域分别为：

1 区：控制电源变压器、控制系统和传感器等。

2 区：信号和控制电缆接口部分，要求此区域有一定的抗扰度。

3 区：进线电抗器、变频器、制动单元、接触器等主要噪声源。

4 区：输出噪声滤波器及其接线部分。

5 区：电动机及其电缆。

6 区：电源（包括无线电噪声滤波器接线部分）。

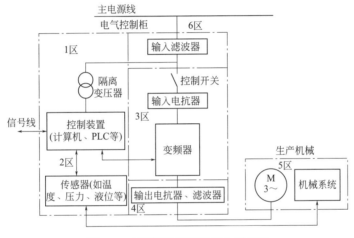

图 5-1 变频器安装区域划分示意图

以上各区应空间隔离，各区间最小距离 20cm，以实现电磁去耦。各区间最好用接地隔板去耦，不同区域的电缆应放入不同电缆管道中。

滤波器应安装在区域间接口处。从柜中引出的所有通信电缆（如 RS485）和信号电缆必须屏蔽。

5.1.3 变频器的安装方法

变频器也和其他大部分电力设备一样，需认真对待其工作过程中的散热问题，温度过高对任何电力设备都具有破坏作用。所不同的是对多数电力设备而言，其破坏作用比较缓慢，而对变频器的逆变电路，温度一旦超过限值，会立即导致逆变管的损坏。我们知道，通用变频器运行的工作环境是-10~50℃之间。变频器散热问题如果处理不好，则会影响到变频器的使用状态和使用寿命，甚至造成变频器的损坏。

对于变频器的散热方法，通常分为内装风扇散热、风机散热和空调散热等。在安装变频器时，首要的问题便是如何保证散热的途径畅通，不易被堵塞。为了改善冷却效果，要将变频器用螺栓垂直安装在坚固的墙体（或物体），从正面就可以看到变频器文字键盘，请勿上下颠倒或平放安装。变频器常用的安装方式有以下几种。

(1) 壁挂式安装

由于变频器具有较好的外壳，所以在安装环境允许的前提下，可以采用壁挂式安装。即将变频器直接安装在坚固的墙体（或物体）。壁挂式安装及要求如图5-2所示。

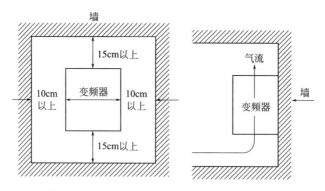

图5-2 变频器壁挂式安装方向与周围的空间

变频器运行中会产生热量，为了保持通风良好，还要求变频器与周围物体之间的距离符合下列要求：两侧距离≥10cm；上下距离≥15cm。另外，为了保证变频器的出风口畅通不被异物阻塞，最好在变频器的出风口加装保护网罩。

(2) 柜内安装

如果安装现场环境较差，如变频器在粉尘（特别是金属粉尘、絮状物等）多的场所时，或者其他控制电器较多需要和变频器一起安装时，可以选择柜内安装的方式。

① 变频器柜内安装方法　如果将变频器安装在控制柜中，控制柜的上方需要安装排风扇，并应注意以下几点：

a.由于变频器内部热量从上部排出，故不要将变频器安装到不耐热的电器下面。

b. 变频器在运行中，散热片附近的温度可上升到 90℃，故变频器背面要使用耐温材料。

c. 将变频器安装在控制箱内时，要充分注意换气，防止变频器周围温度超过额定值。请勿将变频器安装在散热不良的小密闭箱内。

d. 将多台变频器安装在同一装置或控制箱内时，为减少相互影响，建议横向并列安放。必须上下安装时，为了使下部变频器的热量不致影响上部的变频器，请设置隔板等物。如图 5-3 所示。

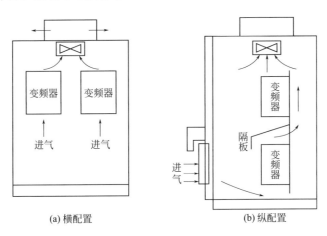

图 5-3　多台变频器的安装方法

② 变频器柜内安装的冷却方式

a. 柜外冷却方式　柜外冷却方式是将变频器本体安装在控制柜内，而将散热片（冷却片）留在柜外，如图 5-4 所示。这种方式可以利用散热器，使变频器内部与控制柜外部产生热传导，因此，对控制柜内冷却能力的要求就可以低一些，这种冷却方式一般用在环境较恶劣的场合。此种安装方式对柜内温度的要求可参考图 5-4 中所标出的数值。

b. 柜内冷却方式　柜内冷却方式是将整台变频器都安装在控制柜内。该冷却方式一般用于不方便使用柜外冷却的变频器。此时应采用强制通风的办法来保证柜内的散热。通常在控制柜顶加装抽风式冷却风扇，风扇的位置应尽量在变频器的正上方。柜内安装风口位置如图 5-5 所示。

③ 变频器柜内安装设计要求　变频器在控制柜内安装时，最好将变频器安装在控制柜的中部或下部，变频器的正上方和正下方应避免安装可能阻挡进风、出风的大部件，变频器四周距控制柜顶部、底部、隔板或其他部件的距离不应小于 300mm，变频器柜内安装示意图如图 5-6 所示。

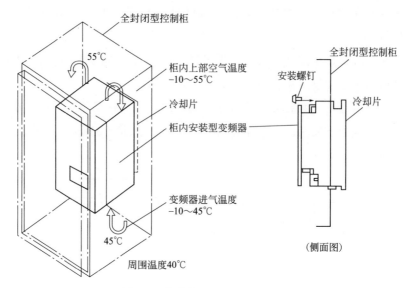

图 5-4 将散热片留在柜外的方式

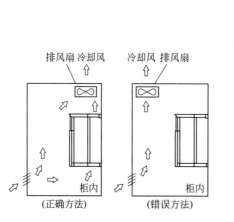

图 5-5 柜内安装风口位置示意图

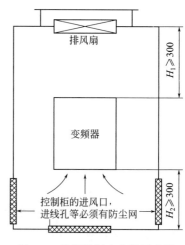

图 5-6 变频器框内安装示意图

④ 控制柜通风、防尘要求 控制柜应密封。控制柜顶部应设有出风口、防风网和防护盖;控制柜底部应设有地板、进线孔、进风口和防尘网。风道要设计合理,使排风通畅,不易产生积尘。控制柜的排风机的风口需设防尘网。

5.1.4 变频器安装注意事项

① 在搬运过程中要小心轻放,切勿碰撞;应用变频器侧面的扣孔进行搬运。

② 应选择清洁、干燥、无振动的安装场所，避免安装在日光直射及高温的场所，最高允许环境温度为 50℃。

③ 安装时，应使盖板上的铭牌处于操作者可见的方向；应将操作盘安装在易于操作的地方。

④ 电源端子 R、S、T 的接线可不必考虑相序问题；输出端子 U、V、W 的正确接线应是：当采用正转指令时，电动机旋转方向从负载侧看，为逆时针旋转。

⑤ 不允许将电源电压加到 U、V、W 端子上。

⑥ 在变频器的控制端子接线时应使用屏蔽线或绞合线，并应远离主电路或其他强电电路。

⑦ 由于频率设定信号属于微小电流信号，所以当需要接入触点时，为防止接触不良，应选用双并联触点。

⑧ 在主电路的电线端头上，应采用专门的压接端子头，以保证接触良好。

⑨ 用于接放电电阻的专用端子只能接入电阻，而不能接入其他任何元器件。

⑩ 为防止触电事故发生，要确保接地端子可靠接地。

⑪ 如果变频器的输入侧未设接触器，在启动开关处于启动状态下，发生短时间停电后，再次通电，变频器会自动地再启动。考虑到机械动作变化的影响以及人身安全，可以设置一个接触器（有失电压保护作用）作为安全措施。

⑫ 在使用工频电源与变频器切换的过程中，应根据运转情况，调整相序，使电动机转动方向一致。

⑬ 由于频率设定信号和变频器内部的控制电路相连接，所以公共端子不能接地。

⑭ 不能将频率设定信号的电源端子与公共端子短路，否则将损坏变频器。

5.2 变频器的布线

在变频器输入和输出电流中含有大量的谐波成分，电磁辐射较强，由于变频器的信号控制端子是弱电信号，所以很容易受到干扰。为了解决变频器的自身干扰和对外干扰，对导线的屏蔽和排布均有着严格的要求。

合理选择安装位置及布线是变频器安装的重要环节。电磁选件的安装位置、各连接导线是否屏蔽、接地点是否正确等，都直接影响到变频器对外干扰的大小及自身工作情况。

5.2.1 主电路的布线

对主电路进行布线之前，应首先检查一下电缆的线径是否符合要求。此外在进行布线时，还应该注意将主电路和控制电路的布线分开，并分别走不同的路线。在不得不经过同一接线口时，也应该在两种电缆之间设置隔离壁，以防止动力线的噪声侵入控制电路，造成变频器工作异常。

变频器与电源和电动机可以按照图5-7所示的方法进行连接。供电电源可以是单相电源也可以是三相电源。

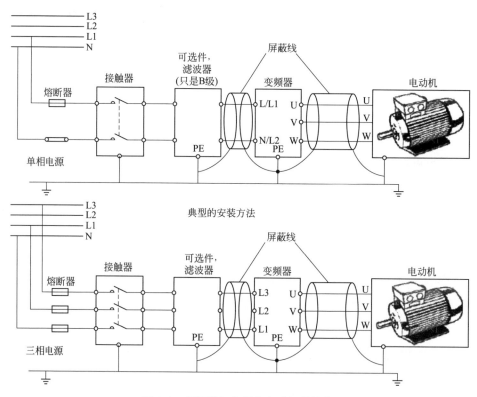

图 5-7　变频器与电源和电动机的接线

5.2.2 控制电路的布线

变频器应用时往往需要一些外围设备与之配套，如控制计算机、测量仪表、传感器、无线电装置及传输信号线等。在变频器中，主电路是强电信号，而控制电路所处理的信号一般为弱电信号。因此在控制电路的布线方面，应采取必要的措施，避免主电路中的干扰信号进入控制电路。

当外围设备与变频器共用一供电系统时，由于变频器产生的噪声沿电源线传导，可能会使系统中挂接的其他外围设备产生误动作；变频器的输出端亦有大量的谐波，产生辐射干扰，为了消除干扰，要在输入端安装噪声滤波器，敏感电子仪器要加金属屏蔽，并将外壳可靠接地，或将其他设备用隔离变压器或电源滤波器进行噪声隔离，如图 5-8 所示。

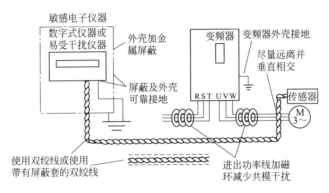

图 5-8　防干扰布线图

（1）模拟量控制线的布线

模拟量控制线主要包括：输入侧的给定信号线和反馈信号线，以及输出侧的频率信号线等。由于模拟信号的抗干扰能力较差，因此必须采用屏蔽线。

屏蔽线的连接如图 5-9 所示，屏蔽层靠近变频器的一端应接变频器控制电路的公共端（COM 或 SD），注意不要接到变频器的地端（E）或大地，屏蔽层的另一端应该悬空。除了采用屏蔽线以外，对模拟信号线的布线还应该遵守以下原则：

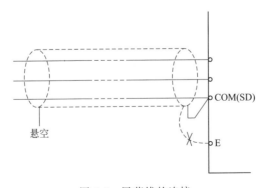

图 5-9　屏蔽线的连接

① 尽量离开主电路100mm以上，更不允许主电路与控制电路捆绑或放在同一配线槽内。

② 尽量不和主电路交叉，必须交叉时，应采取垂直交叉的方式。

③ 模拟量信号线一般要求采用双绞屏蔽电线。

(2) 开关量控制线的布线方法

开关量控制线主要包括：正、反转启动，多挡速度控制等控制线。由于开关量信号抗干扰能力较强，所以在距离较近时，可以不使用屏蔽线，但是，同一信号的两根线必须绞在一起。开关量控制线的布线如图5-10所示。

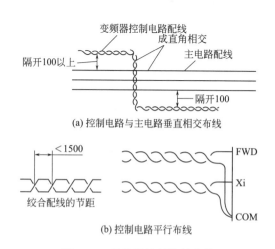

(a) 控制电路与主电路垂直相交布线

(b) 控制电路平行布线

图 5-10 开关量控制线的布线

如果操作指令来自远方，需要控制线较长时，可以采用中间继电器控制，如图5-11所示。

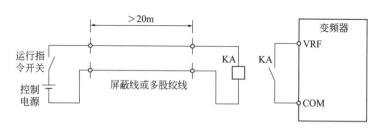

图 5-11 远距离控制电路

由于接触器、继电器的线圈都具有较大的电感，在接通或断开的瞬间，电流的突变会产生很高的感应电动势，有可能导致变频器内部的触点或晶体管击穿。

因此在电感线圈两端必须接入浪涌电压吸收电路。交流电路常用阻容吸收，直流电路用反向二极管，浪涌电压吸收电路如图 5-12 所示。

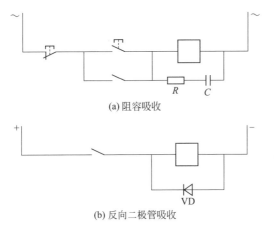

(a) 阻容吸收

(b) 反向二极管吸收

图 5-12　浪涌电压吸收电路

5.2.3　变频器布线注意事项

① 当外围设备与变频器装入同一控制柜中且布线又很接近变频器时，可采取以下方法抑制变频器的干扰：

a.将易受变频器干扰的外围设备及信号线远离变频器安装；信号线使用双绞线或屏蔽双绞线，屏蔽线的屏蔽层要良好接地（屏蔽层只能一端接地，如图 5-9 所示）。亦可将信号电缆线套入金属管中；信号线穿越主电源线时确保正交。

b.在变频器的输入/输出侧安装无线电噪声滤波器。滤波器的安装位置要尽可能靠近电源线的入口处，并且滤波器的电源输入线在控制柜内要尽量短。

c.变频器到电动机的电缆要采用 4 芯电缆并将电缆套入金属管，其中一根的两端分别接到电动机外壳和变频器的接地侧。

② 避免信号线与动力线平行布线或捆扎成束布线；易受影响的外围设备应尽量远离变频器安装；易受影响的信号线尽量远离变频器的输入/输出电缆。

③ 当操作台与控制柜不在一处或具有远方控制信号线时，要对导线进行屏蔽，并特别注意各连接环节，以避免干扰信号窜入。

5.2.4　接地线

由于变频器主电路中的半导体开关器件在工作过程中将进行高速通断动作，

变频器主电路和外壳及控制柜之间的漏电电流也相对较大，因此为了防止操作者触电、雷击等自然灾害对变频器的伤害，必须保证变频器应按有关标准要求可靠接地。可靠接地还有利于抗干扰。在进行接地布线时，应注意以下几点：

① 多台变频器接地时，每台变频器必须分别与接地线相连。多台变频器的接地如图 5-13 所示。

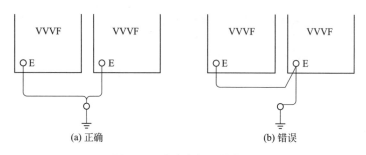

图 5-13　多台变频器的接地

② 变频器接地线要粗而短，采用专用接地极，禁止与其他设备或变频器共用接地线，要独立走线，如图 5-14 所示。

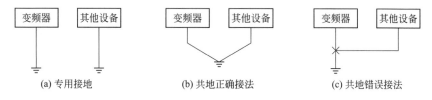

图 5-14　变频器的接地方法

变频器的使用

6.1 变频器的接线

6.1.1 对变频器供电电源的要求与连接时的注意事项

(1) 对变频器供电电源的要求

① 对交流输入电源的要求　电压持续波动不应超过±10%，电压短暂波动应在－10%～＋15%之间；频率波动不应超过±2%，频率的变化速度每秒不应超过±1%；三相电源的负序分量不应超过正序分量的5%。

② 对直流输入电源的要求　电压波动范围应为额定值的－7%～＋5%，蓄电池组供电时的电压波动范围应为额定值的±15%，直流电压纹波不应超过额定电压值的15%。

(2) 进行电气连接时的注意事项

① 不要用高压绝缘测试设备测试与变频器连接的电缆的绝缘情况。

② 即使变频器不处于运行状态，其电源输入线、直流回路端子和电动机端子上也可能带有危险电压。因此，断开开关以后还必须等待5min，保证变频器放电完毕，才能开始安装工作。

③ 在连接变频器或改变变频器接线之前，必须断开电源。

④ 将电源电缆和电动机电缆与变频器相应的接线端子连接好以后，在接通电源时必须确保变频器的盖子已经盖好。

6.1.2 主电路接线

变频器主电路部分包括：电源进线端子 L1/L2/L3 或 R/S/T、电动机端子 U/V/W 或 T1/T2/T3、直流母线接线端子 PO/PC（－）、制动电阻接线端子 PA（＋）/PB、⏚是变频器接地端子。变频器主电路接线端子如图 6-1 所示。图 6-2 是富士 FREN-IC5000VG7S 高性能矢量控制电压型通用变频器的硬件结构图。

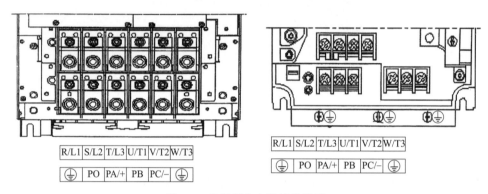

| R/L1 | S/L2 | T/L3 | U/T1 | V/T2 | W/T3 |

| ⏚ | PO | PA/+ | PB | PC/– | ⏚ |

| R/L1 | S/L2 | T/L3 | U/T1 | V/T2 | W/T3 |

| ⏚ | PO | PA/+ | PB | PC/– |

图 6-1　变频器主电路接线端子

(1) 主电路接线方法

① 变频器的输入端子 L1、L2、L3（或 R、S、T）：变频器的输入端子即主电路电源端子，应通过断路器连接至三相交流电源，连接时无需考虑相序。为了使变频器保护功能作用时能切除电源和防止故障扩大，一般要求在电源电路中连接一个电磁接触器。

② 变频器输出端子 U、V、W（或 T1、T2、T3）：变频器的输出端子应按正确的相序连接到三相异步电动机，中间最好接一个热继电器。接线时应根据电动机的转向要求确定其相序，当运行命令与电动机的旋转方向不一致时，可调换 U、V、W 中任意两相的接线。不要将电容器和浪涌吸收器连接至变频器的输出端，更不要将交流电源连接至变频器的输出端，以免损坏变频器。

变频器与电动机之间的连线不宜过长。因为连线很长时，电线间的分布电容会产生较大的高频电流，可能会导致变频器过流跳闸、漏电流增加，电流显示准确度变差等。因此，电动机功率小于 3.7kW 时，变频器与电动机之间的连线长度不要超过 50m；电动机功率在 3.7kW 以上时，变频器与电动机之间的连线长度不要超过 100m。如果连线必须很长，需增设线路滤波器。

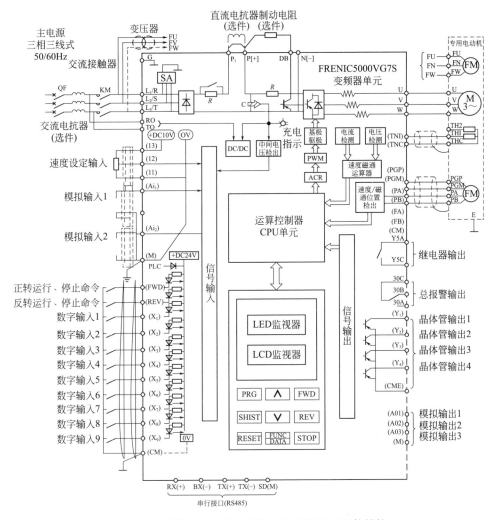

图 6-2　高性能矢量控制电压型通用变频器的硬件结构

③ 主电路线径选择。首先电源与变频器的接线和接同容量电动机的线径选择方法相同；其次变频器与电动机之间的接线要考虑线路电压降。

④ 变频器的输入端子 L1、L2、L3（或 R、S、T）与交流进线之间必须用断路器作过流保护装置，而不能用熔断器作过流保护装置。

⑤ 当用交流接触器作变频器与交流母线之间的分断装置时，交流接触器不宜与变频器的输入端子 L1、L2、L3（或 R、S、T）离得太近，当无法远离时，则应在输入端子前加装浪涌保护装置。

⑥ 当有必要降低母线谐波时，可以在变频器输入端子 L1、L2、L3（或 R、S、T）前加装电抗器，同时亦可以起到改善功率因数的作用。

⑦ 变频器的输出端子 U、V、W（或 T1、T2、T3）最好与电动机直接相连。当装有备用系统而必须跨接交流接触器时，则必须确保交流接触器先可靠吸合再启动变频器输出。

⑧ 变频器的输出端 U、V、W（或 T1、T2、T3）绝对禁止连接任何容性负载或相电容、阻容吸收装置。

⑨ 变频器的输出端 U、V、W（或 T1、T2、T3）与电动机之间连线不宜过长，当连线超过 30m 时，应考虑在输出侧加装电抗器，且电抗器应尽量靠近变频器 U、V、W（或 T1、T2、T3）端子。

⑩ 变频器 U、V、W（或 T1、T2、T3）输出端与电动机之间的连线较长时，如有可能应尽量装于金属管内，以减小电磁辐射对周围其他电控设备的影响。

⑪ 控制电源辅助输入端子 RO、TO（或 L1/L、L2/N）。控制电源辅助输入端子有两个功能：一是用于防无线电干扰的滤波器电源；二是再生制动运行时，主变频器整流部分与三相交流电源脱开。RO、TO 作为冷却风扇的备用电源。如图 6-3 为 30kW 以上的电压型变频器，再生制动时应增设 PWM 变流器，使电动机的能量反馈回电网。这时风机应通过 CN RXTX 适配器转换至 RO-TO 侧，由 R、T 供电。

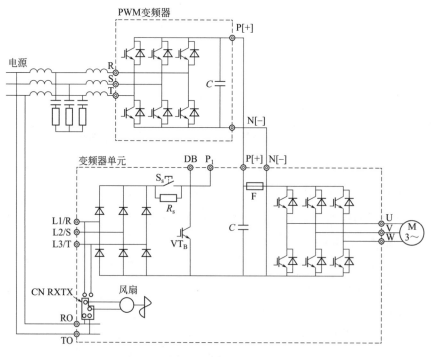

图 6-3　通用变频器的主电路电路原理

⑫ 直流电抗器连接端子 P₁ 和 P（＋）。这是改善功率因数用直流电抗器（选购件）的连接端子。出厂时，这两个端子上连接有短路导体。需连接直流电抗器时，应先除去此短路导体。直流电抗器的连接如图 6-4 所示。

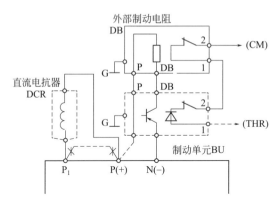

图 6-4　直流电抗器和制动单元连接图

⑬ 外部制动电阻连接端子 P（＋）和 DB。变频器运行时，对于启停频繁或位能性负载情况下，如果变频器没有内置制动电阻（或变频器有内装的制动电阻，但制动电阻容量不够，此时需要卸下内部制动电阻），则应该按规定连接外部制动电阻（另购）。

对于功率大于 15kW 的机种，除外接制动电阻 DB 外，还要对制动性能进行控制以提高制动能力。这时，需增设用功率晶体管控制的制动单元 BU。制动单元和制动电阻的连接方法如图 6-4 所示，制动单元的 P（＋）、N 端分别接至变频器主电路 P（＋）、N（一）端子，制动电阻的 P（＋）和 DB 端分别接至制动单元的 P（＋）和 DB 端。制动单元和制动电阻的过热保护装置 1、2 端接至变频器控制回路的 THR、CM 端子。

⑭ 当使用能耗制动时，其他设备装置及各种引线不能离电阻太近，且必须保证制动电阻有足够的散热空间。

⑮ 为了保证使用安全，变频器箱体的接地端子应按国家电气规程要求接地。

（2）主电路接线的注意事项

① 变频器和电动机的距离应该尽量短，这样可减小电缆的对地电容，减少干扰的发射源。

② 动力电缆选用屏蔽电缆或者从变频器到电动机的电缆全部用穿线管屏蔽。电动机电缆应独立于其他电缆走线，其最小距离为 500mm。同时应避免电动机

电缆与其他电缆长距离平行走线，这样才能减少变频器输出电压快速变化而产生的电磁干扰。如果控制电缆和电源电缆交叉，应尽可能使它们按 90°交叉。动力电缆选用屏蔽的三芯电缆或遵从变频器的用户手册。

6.1.3　控制电路接线

控制电路接线端子（见图 6-2）包括下面几个部分。

① 外接电位器用电源。外接电位器时，可从端子 13 和公共端子 11 取用电源 DC+10V，配合 1～5kΩ 电位器，进行频率设定。

② 设定电压信号输入。设定电压信号输入时，可从端子 12 和公共端子 11 输入，进行频率设定，输入阻抗为 22kΩ，输入直流电压为 DC0～±10V，也可输入 PID 控制的反馈信号。

③ 设定电流信号输入。设定电流信号输入时，可从端子 Ai_1 或 Ai_2 和公共端子 M 输入。进行频率设定，输入阻抗为 250Ω，输入直流电流为 4～20mA，也可输入 PID 控制的反馈信号。

④ 开关量输入端。开关量输入端子 FWD 为正转的开/停，REV 为反转的开/停，X_1～X_9 可选择作为电动机报警、报警复位、多段频率选择等命令信号，端子 CM 为公共点。

⑤ PLC 信号电源。由端子 PLC 和 M 输入，PLC 输出信号电源为 DC24V。

⑥ 晶体管输出。晶体管输出为端子 Y_1～Y_4，公共端子 CME。可输出监控信号，如正在运行、频率到达、过载预报等信号。晶体管导通时最大电流为 50mA。

⑦ 总报警输出继电器。总报警输出继电器由 30A、30B、30C 输出，触点容量为 AC250V、0.3A，可用来控制报警输出保护动作的信号。

⑧ 可选信号输出继电器。可选择与 Y_1～Y_4 端子类似的信号作为输出信号。

⑨ 通信接口。用端子 TX（+）和 TX（-）作为 RS485 通信的输入/输出信号端子。最多可控制 31 台变频器。端子 SD 为连接通信电线屏蔽层用，此端子在电气上浮地（不一定是零电位，而是电路中的公共地）。

⑩ 输入输出信号的防干扰措施。为防止输入信号干扰，一般模拟信号输入应采用屏蔽线，且配线长度应尽可能小于 20m，如图 6-5（a）所示，或采用铁氧体磁环（同向绕 2～3 匝），在外部输出设备侧再并联 $0.22\mu F$、50V 电容器等方式，如图 6-5（b）所示。

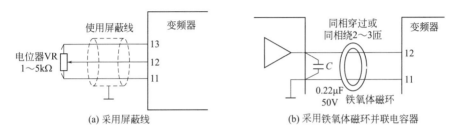

图 6-5　输入信号的防干扰接法

（1）控制电路接线的注意事项

① 模拟量控制线应使用屏蔽线，屏蔽一端接变频器控制电路的公共端（COM），不要接变频器地端（E 或 G）或大地，另一端悬空。

② 开关量控制线允许不使用屏蔽线，但同一信号的两根线必须互相绞在一起。

③ 变频器控制电路中的继电器触点端子引线，与其他控制电路端子的连线要分开走线，以免触点闭合或断开时造成干扰信号。

④ 除了用户继电器端子之外，切勿将供给电源与任何控制端子相连接，否则将导致变频器永久性损坏。

⑤ 如需要频繁启、停电动机，请不要采用开关变频器电源的方式，这样会降低整流模块和主滤波电容的使用寿命，过于频繁甚至可能会直接造成变频器的损坏而影响使用，可以保持变频器在通电状态，而使用操作键盘或相应端子去控制电动机的启动和停止。

⑥ 为了您的安全，当需要拆装变频器引线时，请先切断变频器电源，至少 5min 后（机内充电指示灯熄灭），才可进行相应操作。

⑦ 控制电路与主电路的接线，以及与其他动力线、电力线应分开走线，并保持一定距离。

（2）接线完成后的检查

① 检查变频器的接线是否有误。

② 检查电线的线屑，尤其是金属屑、短断头及其螺杆、螺母是否掉落在变频器内部。

③ 检查螺杆是否拧紧，电线是否有松动。

④ 检查端子接线的裸露部分是否与别的端子带电部分相碰，是否触及了变频器外壳。

⑤ 在具有工频、变频的手动切换的应用中，为了在变频器出现故障时可以手动切换到工频运行，工频和变频要安装互锁环节。

6.2 变频器与 PLC 及上位机的连接

当利用变频器构成自动控制系统时，在许多情况下需要和 PLC 等上位机配合使用。下面将以 PLC 为例，介绍一下变频器和上位进行配合时所需要注意的有关事项。

PLC 与变频器控制系统硬件结构中最重要的就是接口部分。根据不同的信号连接，其接口部分也应改变。

6.2.1 运行信号的输入

变频器的输入信号中主要包括对运行/停止、正转/反转、点动等运行状态进行操作的运行信号（数字输入信号）。变频器一般利用继电器接点或者具有继电器接点开关特性的元器件（如晶体管集电极开路形式）与 PLC 相连，得到运行状态或者获取运行指令，如图 6-6 所示。

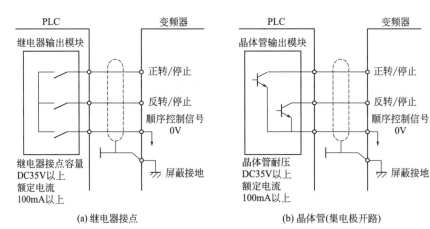

(a) 继电器接点　　　　　　　　(b) 晶体管(集电极开路)

图 6-6　运行信号的连接方式

在使用继电器接点时，很容易出现因为接触不良产生误动作，为了防止这些情况的发生，需要使用高可靠性的控制用继电器；在使用晶体管集电极开路形式进行连接时，则需要考虑晶体管本身的耐压容量和额定电流等因素，必须给晶体管的耐压和额定电流留有一定的裕量，从而保证系统的可靠性。图 6-7 所示为变频器输入信号的连接示例。

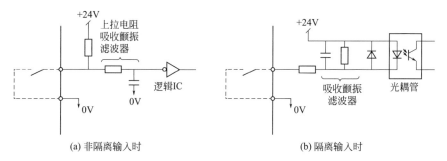

(a) 非隔离输入时   (b) 隔离输入时

图 6-7　变频器输入信号的连接

在设计变频器的输入信号电路时还应该注意，当输入信号电路连接不当时，有时也会造成变频器的误动作。例如，当输入信号电路采用继电器等感性负载时（输入信号电路采用图 6-8 所示的连接方式），因为存在和运行信号并联的继电器等感性负载，继电器开闭时产生的浪涌电流带来的噪声有可能引起变频器的误动作，应该尽量避免这种接法。此外，当继电器侧的电源与变频器侧的电源间有电位差时，有可能损坏电源电路，所以也应加以注意，并采取相应的措施。

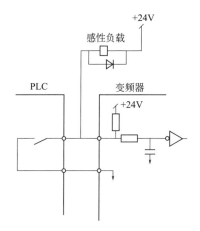

图 6-8　变频器输入信号电路的错误接法

6.2.2　频率指令信号的输入

频率指令信号可以通过 0～10V、0～5V、0～6V 等的电压信号和 4～20mA 电流信号输入，如图 6-9 所示。根据所采用信号的不同，接口电路也不一样，必须根据变频器的输入阻抗选择 PLC 的输出模块。而由于布线阻抗的电压降以及温度变化、器件老化等带来的漂移，则都可以通过 PLC 内部的调节电阻和变频器的内部参数来补偿。

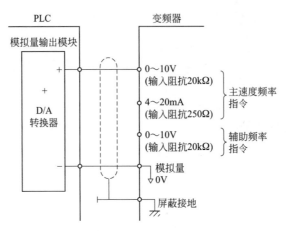

图 6-9　频率指令信号与 PLC 的连接

当变频器和 PLC 的电压信号范围不同时，如变频器的输入信号为 0～10V，而 PLC 的输出电压信号范围为 0～5V 时，可以利用变频器内部参数修改来匹配，如图 6-10 所示。此时，变频器侧的 A/D 转换只用到 0～5V 电压，因此，与 0～10V 时相比，PLC 的信号频率设定的分辨率下降了。

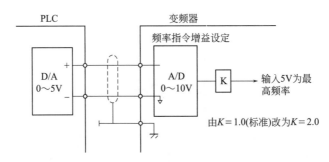

图 6-10　输入信号的电平转换

反之，当 PLC 的输出信号电压范围为 0～10V，而变频器的输入信号电压范围为 0～5V 时，即当 PLC 侧的信号电平较高时，虽然也可以通过降低变频器内部增益的方法使系统工作，但是由于变频器内部的 A/D 转换被限制在 0～5V 之间，将无法使用高速区域。在这种情况下，当需要使用高速区域时，可以通过改变 PLC 参数或调整可变电阻的方式，使其输出电压降低一些。

通用变频器通常都还备有作为选件的数字信号输入接口卡。在变频器上安装上数字信号输入接口卡，就可以直接利用 BCD 信号或二进制信号设定频率指令，如图 6-11 所示。使用数字信号输入接入口卡进行频率设定的特点是可以避免使用模拟信号时，由于电压下降、温度漂移等造成的误差，保证必要的频率设定精度。

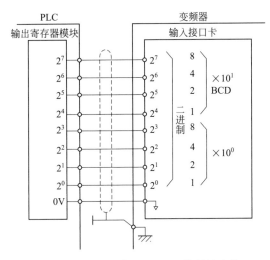

图 6-11　二进制信号和 BCD 信号的连接

变频器也可以脉冲序列作为频率指令，如图 6-12 所示。但是，由于当以脉冲序列作为频率指令时需要使用 F/V 转换器将脉冲转换为模拟信号，当利用这种方式进行精密的转速控制时，必须考虑 F/V 转换器电路和变频器内部的 A/D 转换电路的偏移、由温度变化带来的漂移，以及分辨率等问题。

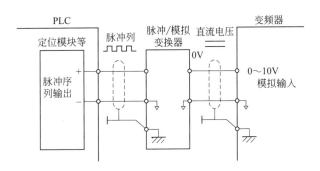

图 6-12　脉冲序列作为频率指令时的连接

有些场合不需要进行无级调速时（即不需要转速连续可调时），则可以通过接点的组合，让变频器按照事先设定的频率进行调速运行，而这些运行频率则可以通过变频器内部参数进行设定。同利用模拟信号进行速度给定的方式相比，这种方式的设定精度高，也不存在由漂移和噪声带来的各种问题。

图 6-13 为一个多级调速设定的例子。

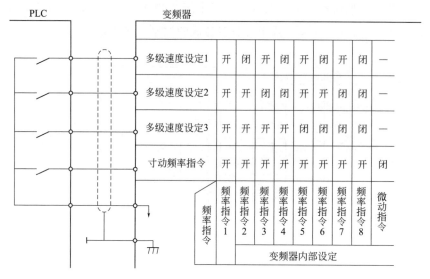

图 6-13　多级调速设定示例

6.2.3　接点输出信号

变频器的内部状态（运行状态）包括：运行中、零速度、故障等。在变频器的工作过程中，经常需要通过继电器接点或晶体管集电极开路的形式将变频器的内部状态（运行状态）通知外部。如图 6-14 所示。而在连接这些送给外部的信

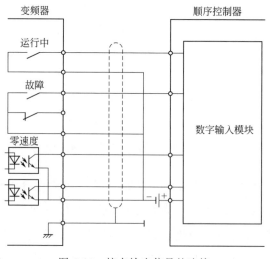

图 6-14　接点输出信号的连接

号时，同样也必须使继电器和晶体管工作在允许电压和允许电流范围内。此外，在连线时还应该考虑噪声的影响。例如：用继电器接点实现主电路（AC200V）的通断，或用晶体管进行控制信号（DC12~24V）的通断，此时，应注意必须分开布线，以保证主电路一侧的噪声不传至控制电路。

还有，在对带有线圈的继电器等感性负载进行通断（开闭）时，必须在感性负载两端并联浪涌吸收器或续流二极管，如图6-15所示。而在对容性负载进行通断（开闭）时，则必须与负载串联限流电阻，以保证进行通断（开闭）时的浪涌电流值不超过继电器和晶体管的允许电流值。

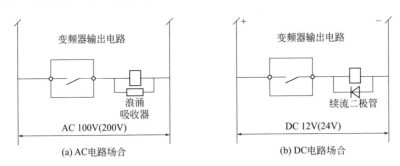

图 6-15　感性负载的连接

6.2.4　模拟量监测信号

变频器输出的模拟量监测信号如图6-16所示。

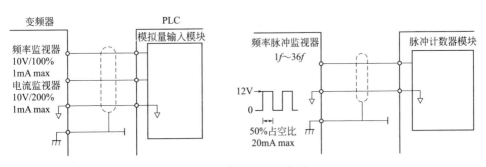

图 6-16　模拟量监测信号

模拟量监测信号主要分为以下几种类型。

① 变频器输出频率模拟量监测信号：0~10V，0~5V/0%~100%。

② 变频器输出电流模拟量监测信号：0~10V，0~5V/0%~100%，0%~200%。

③ 变频器输出频率脉冲量监测信号：输出频率的1~36倍。

无论何种信号，都必须注意 PLC 一侧的输入阻抗的大小，以保证电路中的电流不超过电路的额定电流。此外，由于这些监测信号多数没有与变频器内部电路绝缘，在布线较长或噪声较大的场合，其间最好加隔离放大器。

6.2.5 变频器与 PLC 连接时的注意事项

因为变频器在运行中会产生较强的电磁干扰，为保证 PLC 不因为变频器主电路断路器及开关器件等产生的噪声而出现故障，将变频器与 PLC 相连接时应该注意以下几点：

① 对 PLC 本身应按规定的接线标准和接地条件进行接地，而且应注意避免和变频器使用共同的接地线，且在接地时使二者尽可能分开。

② 当电源条件不太好时，应在 PLC 的电源模块及输入/输出模块的电源线上接入噪声滤波器和降低噪声用的变压器等，另外，若有必要，在变频器一侧也应采取相应的措施。

③ 当把变频器和 PLC 安装在同一操作柜中时，应尽可能使与变频器有关的电缆和与 PLC 有关的电缆分开。

④ 通过使用屏蔽线和双绞线达到提高抗噪声水平的目的。

PLC 和变频器连接应用时，由于二者涉及用弱电控制强电，因此，应该注意连接时出现的干扰，避免由于干扰造成变频器的误动作，或者由于连接不当导致PLC 或变频器的损坏。

6.2.6 变频器与 PLC 配合应用应注意的问题

(1) 瞬时停电后的恢复运行

在系统连接正确的条件下，利用变频器在瞬时停电后能恢复运行的功能，可使变频器在系统恢复供电后将进入自寻速过程，并根据电动机的实际转速自动设置相应的输出频率重新启动。但是，当变频器自动再启动时，如果变频器出现运行指令丢失的情况，则重新恢复供电后也可能出现无法根据变频器内部的运行条件设定进入复电后自寻速模式，从而产生过电流、过电压，甚至仍然处于停止输出状态。

因此，在使用上述功能时，必须用自锁线圈将变频器运行信号保持住，或者使用不停电电源，使 PLC 在瞬时停电时能继续工作，如图 6-17 所示。

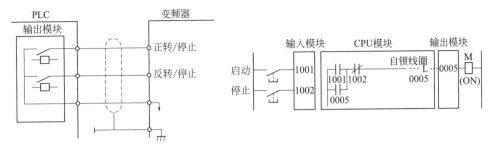

图 6-17　继电器自锁示例

至于频率指令信号，可在保持运行信号的同时，将频率指令信号自动保持在变频器内部或者为 PLC 本身准备不间断电源将变频器的运行信号保存下来，以保证恢复供电后系统能进入正常的工作状态。

关于瞬时停电再运行，根据电动机有无速度检测器、负载种类（传送线或卷取机）或电动机的种类（感应机、同步机），系统组成方式各不相同，有不明之处可向厂家咨询。

(2) PLC 扫描时间对变频器的影响

由于 CPU 进行处理时需要时间，因此使用 PLC 进行顺序控制时，总是存在一定时间（扫描时间）的延迟。在设计控制系统时必须考虑上述扫描时间的影响。尤其在某些场合下，当变频器运行信号投入的时刻不确定时，变频器不能正常运行，因此在构成系统时必须加以注意。

(3) 通过数据传输进行控制

在某些情况下，变频器的控制（包括各种内部参数的设定）是通过 PLC 或其他上位机进行的。在这种情况下，必须注意信号线的连接以及所传数据顺序格式等是否正确，否则将不能得到预期的结果。此外，在需要对数据进行高速处理时，则往往需要利用专用总线构成系统。

6.3　变频器的运行

6.3.1　通电前的检查

(1) 变频器通电前应进行的检查

变频器在通电前，通常应进行下列检查：

① 检查变频器的安装空间和安装环境是否合乎要求，控制柜内应清洁、无异物。

② 检查铭牌上的数据是否与所控制的电动机相适应。

③ 检查变频器的主电路接线和控制电路接线是否合乎要求。在检查接线过程中，主要应注意以下几方面的问题。

a.检查变频器主回路的进线端子（S、R、T）和出线端子（U、V、W）接线是否正确，进线和出线绝对不能接反。

b.变频器与电动机之间的接线不能超过变频器允许的最大布线距离，否则应加交流输出电抗器。

c.交流电源线不能接到控制电路端子上。

d.主电路地线和控制电路地线、公共端、中性线的接法是否合乎要求。

e.在工频与变频相互转换的应用中，应注意电气与机械的互锁。

在检查中，要特别注意各接线端子的螺钉是否全部已经旋紧，检查时要用手轻轻拉动各导线，没有旋紧的，要补旋。

④ 检查电源电压是否在容许值以内。

⑤ 测试变频器的控制信号（模拟量和开关量）是否满足工艺要求。

(2) 绝缘电阻检查

对主电路和接地端子之间进行绝缘电阻检查，如图 6-18 所示。在一般情况下，用 500V 级的绝缘电阻表进行检测，要求绝缘电阻的阻值大于 5MΩ。对控制电路则不需要进行绝缘电阻检查。

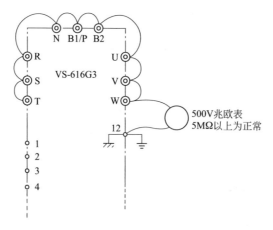

图 6-18　绝缘电阻检查

（3）变频器的空载通电检验

① 将变频器的电源输入端子经过漏电保护开关接到电源上，以使机器发生故障时能迅速切断电源。

② 检查变频器显示窗的出厂显示是否正常。如果不正确，则复位。复位仍不能解决，则要求退换。

③ 熟悉变频器的操作键。关于这些键的定义参照有关产品的说明书。

6.3.2 系统功能的设定

为了使变频器和电动机能在最佳状态下运行，必须对变频器运行频率和功能码进行设定。一台新的变频器在通电时，输出端可以先不接电动机，而对它进行各种功能参数的设置。

（1）控制模式的选择

变频器在正式运行之前，为系统调试的方便，通常设定为外部控制模式。正式运行时，应根据系统工作的要求设定控制模式。这项设定可确定变频器频率信号的来源。

（2）频率的设定

变频器的频率设定有两种方式：一种方式是通过功能单元上的增/减键来直接输入变频器的运行频率；另一种方式是在 RUN 或 STOP 状态下，通过外部信号输入端子直接输入变频器运行频率。两种方式的频率设定只能选择其中之一，这通过对功能码的设定来完成。

（3）功能码设定

变频器的所有功能码在 STOP 状态下均可设定，仅有一小部分功能码在 RUN 状态下可设定，不同类型的变频器功能码不同，具体功能码请参阅有关变频器随机使用说明书。

（4）变频器系统功能设定

变频器在出厂时，所有的功能码都已经设定了。但是在变频器系统运行时，应根据系统的工艺要求，对有些功能需要重新设定。下面介绍几种主要功能码的设定。对于其他功能码的设定是否改变，应根据变频器系统的具体工艺要求而定。

① 频率设定命令　用以设定变频器频率信号的来源。

② 操作方法　用以设定变频器的运行和停止。可以通过变频器面板上的RUN、STOP 键来控制，也可以通过控制电路端子 FWD、REV 来控制。

③ 最高频率　变频器驱动的电动机都有最高转速的限制，按照变频调速原理，变频器的最高输出频率对应电动机的最高转速。所以限制变频器的最高输出频率，也就限制了电动机的最高转速。一般设定为 50Hz，具体设置值还应考虑减速箱的减速比、工艺要求等。

④ 基本频率　这项功能是通过设定变频器 U/f 的曲线，来设定电动机的恒转矩和恒功率控制区域。对于不同的系统工艺要求，设定值相应不同，一般应该按照电动机的额定频率进行设定。

⑤ 额定电压　额定电压通常对应基本频率。对于按照 $U/f=$ 常数控制模式的变频器，当频率增加时，输出电压也增加。但是，当变频器的输出电压达到额定值以后，不论频率增加与否，变频器的输出电压都不能再增加了，否则会损坏变频器和电动机。变频器的 U/f 曲线如图 6-19 所示。

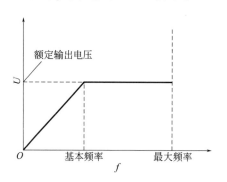

图 6-19　变频器的 U/f 曲线

⑥ 加速/减速时间　加速/减速时间的选择决定了调速系统的快速性。如果选择较短的加速/减速时间，意味着生产率的提高。但是，如果选择加速时间太短，系统可能无法启动或者过电流跳闸；如果减速时间太短，可能引起电动机频率下降太快，使电动机进入再生制动状态，甚至可能发生过电压跳闸现象。因此应该合理选择加速/减速时间值。加速/减速时间的选择与电动机所带的负载大小和飞轮转矩 GD^2 有关。一种方法是通过计算系统的 GD^2 来设定变频器的加速/减速时间；另一种是实验的方法，在满足工艺要求的时间内，以变频器不发生跳闸为依据来设定。当变频器的加速/减速时间满足不了系统的工艺要求时，可采用适当的制动电阻。

⑦ 电子热过载继电器　这项功能是为了保护变频器所驱动的电动机而设立的。通过设定电子式热过载继电器具体的保护值后，当电动机出现过电流或过载时，就能避免变频器和电动机的损坏。因电动机的过载倍数比较大，故该值一般均设定为变频器额定值的105％，但当变频器和电动机容量不匹配时，应根据具体情况设定。

⑧ 转矩限制　对转矩的限制实际上就是限制变频器的过电流。设定的范围为变频器额定电流的120％～180％。该项功能有效时，为使转矩不超过设定值，当电动机为电动运行状态时可使输出频率下降，当电动机为制动运行状态时可使输出频率上升，但最多只能相对于设定频率下降或上升5Hz。

⑨ 电动机极数　通用变频器可以适合各种极数的电动机，但是变频器面板显示的是电动机的同步转速，使用之前，应该按照电动机的极数设定。

⑩ 电动机的旋转方向　电动机的旋转方向必须正确设定。

6.3.3　某些特殊功能的设定

变频器在完成常规设定后，应根据系统工艺的要求完成某些特殊功能的设定。

(1) 电动机转矩提升的设定

为了满足工业实际生产要求，有些厂商生产的通用变频器都有转矩提升的功能设定。从另一种意义上说，就是选择电压补偿控制的补偿程度。补偿程度过高，系统的效率就会降低，电动机容易发热；补偿程度不足，低频转矩就会偏小。选择U/f控制曲线与转矩提升的功能设定具有相同的意义。

转矩提升的设定实际就是选定U/f控制曲线。即为不同的负载提供不同的转矩提升曲线，如图6-20所示。在不同的转矩提升曲线中，为不同的低频提供了不同的转矩提升量。在变频器调试时，选择不同的转矩提升曲线，可以实现对不同负载在低频段的补偿。

变频转矩提升曲线在调试时应按电动机运行状态下的负载特性曲线进行选择，泵类、恒功率、恒转矩负载应在各自相应的转矩提升曲线中选择。一般普通电动机低频特性不好，如果工艺流程不需要在较低频状态下运行，应按工艺流程要求设置最低运行频率，避免电动机在较低频状态下运行；如果工艺流程需要电动机在较低频段运行，则应根据电动机的实际负载特性认真选择合适的转矩提升曲线。

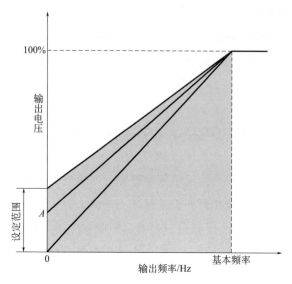

图 6-20　变频器转矩提升曲线

变频器转矩提升曲线在调试时，应该按电动机运行状态下的负载特性曲线进行选择。为使电动机合理运行，在 $f=0$ Hz 时，电压 U 为某一大于零的值，即图 6-20 中的 A 点。该点应该取多大的值与负载性质有关，如果 A 点选择过高，系统效率就会降低，电动机容易发热；如果 A 点选择偏低，则电动机的低频转矩变小。因此人们也把 U/f 曲线称为转矩提升曲线。在使用变频器时，应根据应用手册提供的功能码对变频器进行转矩提升。而是否选择了合适的转矩提升曲线，可以通过在调试中测量其电压、电流、频率、功率因数等参数来确定，在调试中应在整个调速范围内测定初步选定的几条相近的转矩提升曲线下的各参数数值，首先看是否有超差，然后对比确定较理想的数值。

对转矩提升曲线下的于某一频率运行点来说，电压不足（欠补偿）或电压提升过高（过补偿）都会使电流增大，要选择合适的转矩提升曲线，必须通过反复比较分析各种测定数据才能找出真正符合工艺要求、使变频器驱动的电动机能安全运行、功率因数又相对较高的转矩提升曲线。

(2) 跳跃频率

用变频器为交流电动机供电时，系统可能发生振荡现象，使变频器过电流保护装置动作或系统跳闸。发生振荡的原因有两个：一是电气频率与机械频率发生共振；二是由电气电路引起的，比如功率开关的死区控制时间、中间直流回路电容电压的波动及电动机滞后电流的影响等。振荡现象在如下的情况下容易发生：

① 轻负载或没有负载；

② 系统机械转动惯量较小；

③ 变频器 PWM 波形的载波频率较高；

④ 电动机和负载连接松动。

振荡现象发生在某些频率范围内，为了避免其发生，通用变频器都设有跳跃频率，以避开那些振荡频率。跳跃频率的设定如图 6-21 所示，跳跃频率宽度以设定值为中心，上下各允许波动 50％。

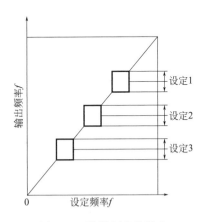

图 6-21　跳跃频率的设定

(3) 瞬时停电再启动

由于变频器系统应用的工业现场比较复杂，工艺要求多样，有时会发生瞬时停电或瞬时欠电压情况。负载运行时，发生瞬间停电或电压下降时，变频器一般在数秒内即停止输出。

当电源恢复时，特别是带大转动惯量的电动机正处于继续旋转中，而导致变频器无法正常启动。为避免这一现象，有效的方法是变频器设定瞬时停电再启动功能。这样，当电源恢复时，变频器瞬时停电再启动功能和电流限制功能同时起作用，使正在自由旋转的电动机平滑地再启动。

6.3.4　变频器使用注意事项

① 应按规定接入电源，电压不得过高或过低。

② 不允许在变频器输出端子上输入电压或其他外部电源电压，否则将损坏变频器。特别是当变频器和电网电源转换运行时，一定要采取联锁措施。

③ 使用时，应保证环境温度符合要求，特别是安装在配电柜的变频器，应充分考虑配电柜的散热条件。

④ 不应用断路器或交流接触器直接进行电动机（变频器-电动机配合）的启动和停止操作，应用变频器上的运行-停止按钮（RUN-STOP）控制电动机的启动和停止。

⑤ 使用时，应在变频器的输入端接入改善功率因数用的交流电抗线圈。

⑥ 使用绝缘电阻表测试时，应按变频器说明书的要求进行。

⑦ 变频器不允许过载运行。如变频器热保护切断后，不允许立即复位使之返回运行状态。应查明原因，消除过载状态后方能再运行。如负载本身过大，则应考虑提高变频器的容量。

6.3.5 变频器操作注意事项

(1) 准备工作
① 将面板上的运转开关拨到"STOP"。

② 将面板上的频率设定旋钮"FREQ. SET"往左（沿逆时针方向）旋到底。

③ 将变频器接通电源，约 0.5s 后频率显示成"00"。

④ 将运转开关拨到"RUN"。

⑤ 为确认电动机旋转方向，应将频率设定旋钮"FREQ. SET"沿顺时针方向稍加旋动（5～6Hz 左右），输出频率在频率表中显示，若需要将其逆转，则应将断路器关断（OFF），再将输出端的任意两处换位。

(2) 操作步骤
准备工作完成后，按下列步骤操作：

① 将频率设定旋钮徐徐向右转动，当频率上升到 2Hz 附近时，电动机应开始启动，继续旋转频率设定旋钮升高频率时，电动机转速也随之升高，当向右旋转到头，则频率上升到最高位置。对于小于最小频率分辨率的微小指令信号，输出频率不变化。

② 当将频率设定旋钮向左（逆时针）返回时，频率下降，电动机转速下降。当频率下降到 2Hz 以下时，变频器输出停止，电动机自由转动、自制动后停止。

③ 频率设定旋钮如事先已置于右边某一位置，并保持不动，此时如接通变频器启动开关，则电动机将按面板上已设置的加速时间提高转速，并在到达所设

置的频率点前保持连续运转。

④ 当过电流、过电压、瞬时停电、接地、短路等保护电路动作时，面板上的红色指示灯亮，输出停止，保持这种状态直到电动机停止后，用下述方法复位：

a. 用断路器或接触器，将供电源切断一次后再接通；

b. 用控制电路的复位端子和公共端之间的复位开关短路一下（时间应大于0.1s），再放开。

⑤ 频率计的指示（外接表）用刻度校正电位器调整，使之与面板上的数字显示值相同。

⑥ 在电动机运行中，如将启动开关关掉，则电动机将按减速设置盘上所设置的时间降低转速。当频率降至 2Hz 以下时，电动机自由旋转、自制动后停止。

6.3.6 变频器空载试运行

① 设置电动机的功率、极数，要综合考虑变频器的工作电流、容量和功率，根据系统的工况要求来选择设定功率和过载保护值。

② 设定变频器的最大输出频率、基频，设置转矩特性。如果是风机和泵类负载，要将变频器的转矩运行代码设置成变转矩和降转矩运行特性。

③ 将变频器设置为自带的键盘操作模式，按运行键、停止键，观察电动机是否能正常的启动、停止。检查电动机的旋转方向是否正确。

④ 熟悉变频器运行发生故障时的保护代码，观察热保护继电器的出厂值，观察过载保护的设定值，需要时可以修改。

⑤ 变频器带电动机空载运行可以在 5、10、15、20、25、35、50（Hz）等几个频率点进行。

6.3.7 变频器带负载试运行

① 手动操作变频器面板的运行、停止键，观察电动机运行、停止过程变频器的显示窗，看是否有异常现象。

② 如果启动/停止电动机过程中变频器出现过电流动作，请重新设定加速/减速时间，当电动机负载惯性较大时，应根据负载特性设置运行曲线类型。

③ 如果变频器仍然存在运行故障，尝试增加最大电流的保护值，但是不能

取消保护，应留有至少 10％～20％的保护裕量。如果变频器运行故障仍没解除，请更换更大一级功率的变频器。

④ 如果变频器带动电动机在启动过程中达不到预设速度，可能有两种原因。

a.系统发生机电共振（可以听电动机运转的声音进行判断）。采用设置频率跳跃值的方法，可以避开共振点。

b.电动机的转矩输出能力不够。不同品牌的变频器出厂参数设置不同，在相同的条件下，带载能力不同。也可能因变频器控制方法不同，造成电动机的带载能力不同。或因系统的输出效率不同，造成带载能力有所不同。对于这种情况，可以增加转矩提升量的值。如果仍然不行，请改用新的控制方法。

⑤ 试运行时还应该检查以下几点：

a.电动机是否有不正常的振动和噪声；

b.电动机的温升是否过高；

c.电动机轴旋转是否平稳；

d.电动机升降速时是否平滑。

试运行正常以后，按照系统的设计要求进行功能单元操作或控制端子操作。

7 变频器的应用实例

7.1 常用变频器的基本接线

（1）森兰 SB20S（单相）变频器基本接线图（见图 7-1）

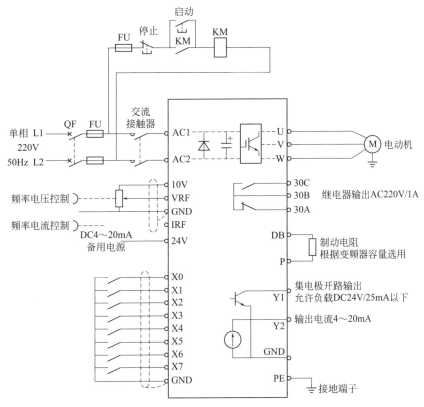

图 7-1　森兰 SB20S（单相）变频器基本接线图

(2) 森兰 SB20T（三相）变频器基本接线图（见图 7-2）

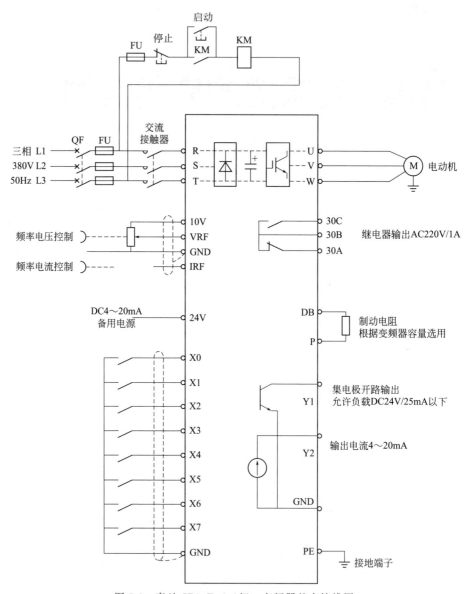

图 7-2 森兰 SB20T（三相）变频器基本接线图

(3) 森兰 SB200 系列变频器基本接线图 (见图 7-3)

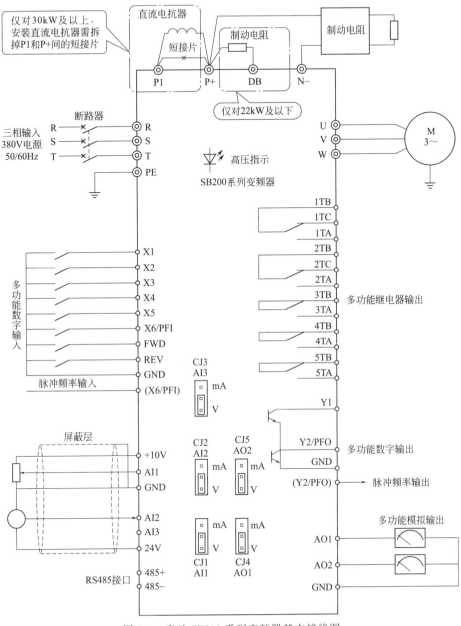

图 7-3　森兰 SB200 系列变频器基本接线图

(4) 欧姆龙 3G3JV 系列变频器的基本接线图 (见图 7-4)

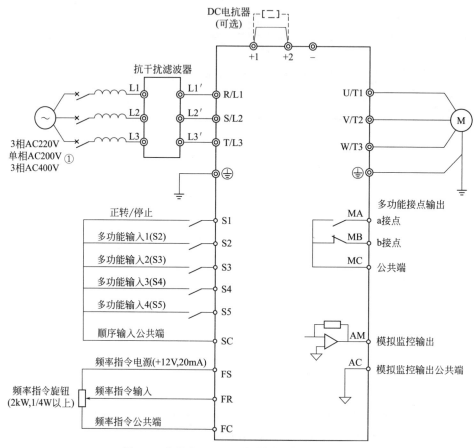

图 7-4 欧姆龙 3G3JV 系列变频器基本接线图

(5) 台达 VFD-P 系列变频器的基本接线图 (见图 7-5)

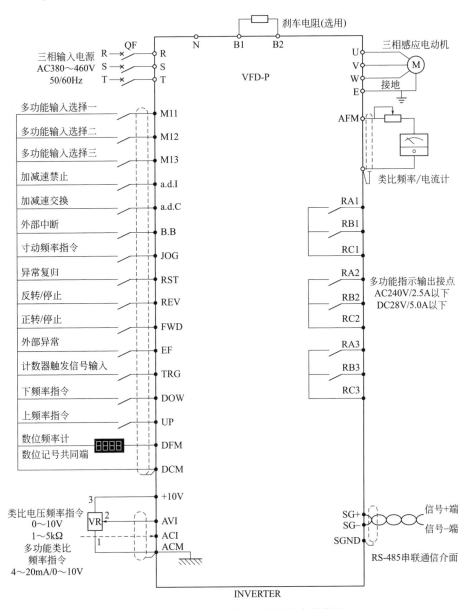

图 7-5 台达 VFD-P 系列变频器基本接线图

○—主回路端子；●—控制回路端子

(6) 松下 DV707H 系列变频器的基本接线图 (见图 7-6)

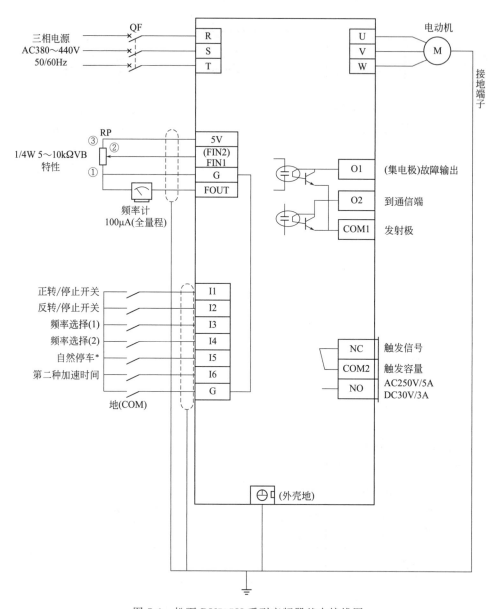

图 7-6 松下 DV707H 系列变频器基本接线图

(7) 三菱 FR-A500 系列变频器的基本接线图 (见图 7-7)

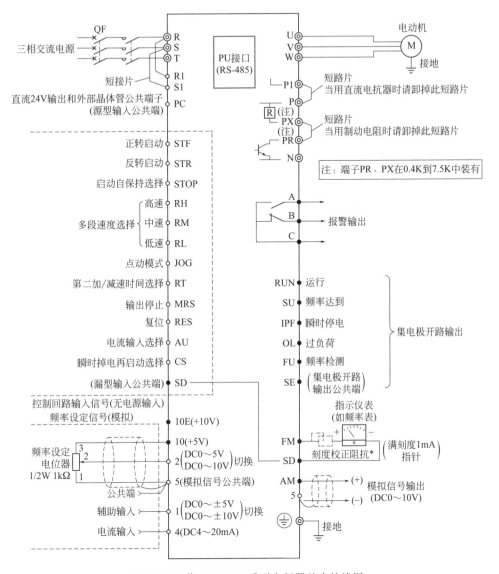

图 7-7 三菱 FR-A500 系列变频器基本接线图

注：用操作面板（FR-DU04）或参数单元（FR-PU04）时没必要校正，仅当频率计不在
　　附近又需要用频率计校正时使用。但是连接刻度校正阻抗后，频率计的指针
　　有可能达不到满量程，这时请和操作面板或参数单元校正共同使用。

◎ 主回路端子；○ 控制回路输入端子；● 控制回路输出端子

(8) 安邦信 AMB-G7 系列变频器控制电路连接图 (见图7-8)

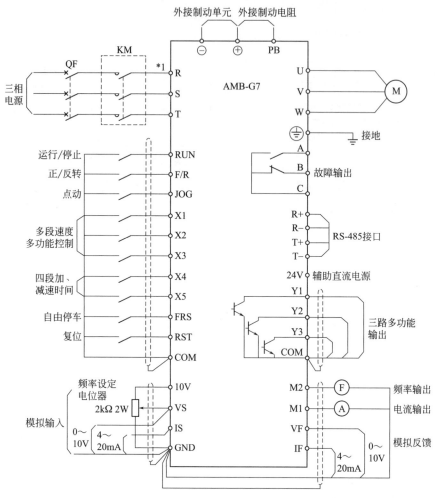

图 7-8　安邦信 AMB-G7 系列变频器控制电路连接图

7.2　变频器外接主电路

7.2.1　变频器的输入主电路

变频器输入侧主电路的接法如图7-9（a）所示，其电路图如图7-9（b）所示。断路器 QF 的作用是为变频器接通或断开电源，而且还具有隔离和保护作用。即当变频器需要检查修理时，断开断路器，可以使变频器与电源隔离；当变频器工作时，断路器对变频器电路具有过电流保护和欠电压等保护功能。输入接触器 KM 用于接通或切断变频器的电源，还可以和变频器的报警输出端子配合，当变频器因故障而跳闸时，使变频器迅速地脱离电源。快速熔断器主要用于短路保护，当变频器的主电路发生短路时，其保护作用快于断路器。

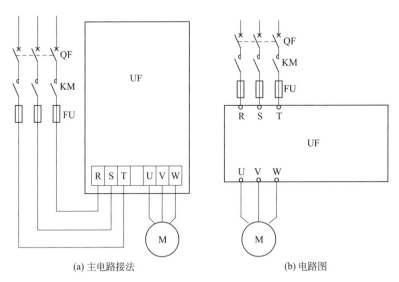

(a) 主电路接法　　　　　　　(b) 电路图

图 7-9　变频器输入主电路

7.2.2　变频器的输出主电路

变频器输出侧主电路的接法如图 7-10 所示。接线时应注意以下几点。

① 在一台变频器驱动一台电动机的情况下，如果输出侧接入了接触器，有可能出现变频器的输出频率从 0 Hz 开始上升时，电动机却因接触器未闭合而并不启动，等到输出侧接触器闭合时，变频器已经有较高的输出频率了，致使电动机在一定的频率下直接启动，将导致变频器因过流而跳闸。因此，一般不建议在变频器输出侧接入输出接触器 KM2，如图 7-10（a）所示。而且，在一台变频器驱动一台电动机的情况下，因为变频器内部具有十分完善的热保护功能，所以一般没有必要再接入热继电器。

② 在某些场合，有时变频器的输出侧不可避免地需要接入接触器。例如，在变频运行与工频运行需要进行切换的场合，当需要电动机工频运行时，必须使电动机首先与变频器脱离，这就需要采用接触器 KM2 了，如图 7-10（b）所示。

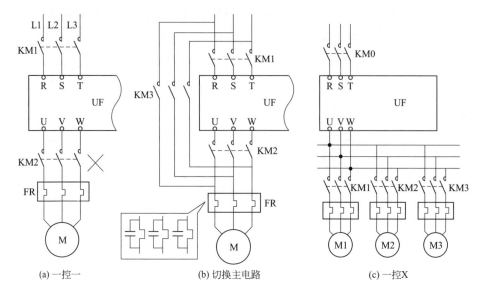

图 7-10　变频器输出主电路

而且，在需要接输出接触器的场合，热继电器也应该接入。但是，因为变频器的输出电流中存在高次谐波成分，为了防止继电器误动作，在热继电器发热元件两端，应并联旁路电容器，如图 7-10（b）所示。

③ 当一台变频器需要拖动多台电动机时，则各台电动机必须单独通过接触器与变频器连接，如图 7-10（c）所示。

7.2.3　变频器 1 控 3 的主电路

一般说来，在多台水泵供水系统中，应用 PLC 进行控制是十分灵活而方便的。但近年来，由于变频器在恒压供水领域的广泛应用，各变频器制造厂纷纷推出了具有内置"1 控 X"功能的新系列变频器，简化了控制系统，提高了可靠性和通用性。

(1) 主电路

在多台水泵供水系统中，不论采用何种变频器，其切换控制的主电路都是相同的。图 7-11 是 1 台变频器控制 3 台水泵（简称 1 控 3）的主电路。

在图 7-11 中，接触器 KM1 用于接通变频器的电源，接触器 1KM2、2KM2、3KM2 分别用于将各台水泵电动机 M1、M2、M3 接至变频器；接触器 1KM3、2KM3、3KM3 分别用于将各台水泵电动机直接接至工频电源。

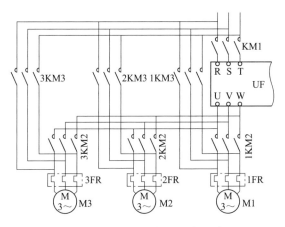

图 7-11　变频器 1 控 3 的主电路

（2）注意事项

①　由于接触器 1KM2 和 1KM3、2KM2 和 2KM3、3KM2 和 3KM3 一旦同时接通，将使工频电源与变频器的输出端相接，导致变频器的逆变桥损坏。因此，接触器 1KM2 和 1KM3、2KM2 和 2KM3、3KM2 和 3KM3 必须可靠互锁。为保证上述接触器可靠互锁，建议 1KM2 和 1KM3、2KM2 和 2KM3、3KM2 和 3KM3 分别选用具有机械互锁的接触器，采用电气与机械双重互锁。

②　因为当电动机接至工频电源时，变频器的热保护功能是无法对电动机进行过载保护的。所以，对各台电动机都应串接热继电器 1FR、2FR 和 3FR，进行过载保护。

7.2.4　实现两台电动机工频-变频电源切换的主电路

为减少电动机启动电流对电网的冲击和摆脱电网容量对电动机启动的制约，有的用户提出用变频器启动电动机，在将频率升到 50Hz 后切换至工频，之后再用变频器去启动其他电动机。这种控制方法在一些场合得到了一定的应用。

（1）主电路

图 7-12 是互为备用的两台电动机的工频-变频电源切换的主电路。

在图 7-12 中，两台电动机互为备用，两台电动机不能同时运行。每台电动机都能用工频电源或变频电源驱动。因为电动机有时要使用工频电源，所以每台电动机均应配置用于过载保护的热继电器 FR1 和 FR2。该主电路采用接触器

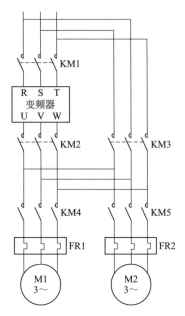

图 7-12 两台电动机工频-变频电源切换的主电路

KM1、KM2 和 KM3 实现工频和变频电源的切换；采用接触器 KM4 和 KM5 实现两台电动机的切换。

由图 7-12 可知，当需要电动机 M1 变频运行时，接通接触器 KM1、KM2 和 KM4，断开接触器 KM3 和 KM5；当需要电动机 M1 工频运行时，接通接触器 KM3 和 KM4，断开接触器 KM1、KM2 和 KM5；当需要电动机 M2 变频运行时，接通接触器 KM1、KM2 和 KM5，断开接触器 KM3 和 KM4；当需要电动机 M2 工频运行时，接通接触器 KM3 和 KM5，断开接触器 KM1、KM2 和 KM4。

(2) 注意事项

① 当采用 PLC 进行控制时，PLC 的输入回路应增加选择电动机 M1 或 M2 的两位置旋钮开关。在 PLC 的输出回路，除了要设置接触器 KM2 和 KM3 之间的互锁电路外，还应设置接触器 KM4 和 KM5 之间的互锁电路，以保证两台电动机不能同时运行。另外，为保证上述接触器可靠互锁，建议 KM2 和 KM3、KM4 和 KM5 选用具有机械互锁的接触器，采用电气与机械双重互锁。

② 注意工频-变频电源切换前后，电动机的旋转方向必须一致。

③ 两台电动机互为备用，两台电动机不能同时运行。

7.3 变频器的基本控制电路

变频器在运行过程中，要通过低压电器进行通电、运行、停止等操作。在低压电器控制电路的设计中，要保证设备的安全运行，能完成要求的控制工作，还要操作方便。下面介绍几种常用的变频器基本控制电路。

7.3.1 变频器驱动电动机正转控制电路

(1) 正转运行的基本电路

变频器在日常应用中，大部分情况下只要求电动机正转运行，其基本控制电路如图 7-13 所示。

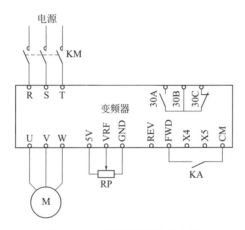

图 7-13 正转运行的基本电路

工作时，首先通过接触器 KM 的主触点接通变频器的电源，然后通过继电器 KA 的常开（动合）触点将正转 FWD 与公共端 CM（或 COM）相接，电动机即开始正转。

(2) 电动机的启动

① 上电启动 "上电启动"是指通过接通电源直接启动电动机，如图 7-14 (a) 所示。变频器一般也可以采用"上电启动"，但是大多数变频器不希望采用这种方式来启动电动机。即一般不使用接触器 KM 来直接控制电动机的启动和停

止，原因是：容易误动作；电动机容易自由制动。例如，当通过接触器 KM 切断电源来停机时，变频器将很快因欠电压而封锁逆变电路，电动机将处于自由制动状态，不能按预先设置的降速时间来停机。

但是，有的变频器经过功能预置，可以选择"上电启动"。

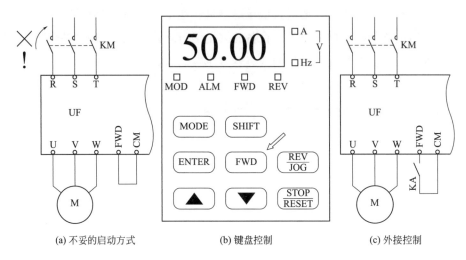

(a) 不妥的启动方式　　　　　　(b) 键盘控制　　　　　　(c) 外接控制

图 7-14　正转的基本控制方式

② 常用启动方式

a. 键盘控制　键盘控制如图 7-14（b）所示，按下面板上的"RUN"键或"FWD"键，电动机即按预置的加速时间加速到所设定的频率。

b. 端子启动　端子启动（外接启动）如图 7-14（c）所示，在该图中采用继电器触点 KA，使变频器控制端子中的"FWD"（正转）端子和"CM"端子之间接通；或使"REV"（反转）端子和"CM"端子之间接通。

在停止状态下，如果接通"FWD"端子和"CM"端子，则变频器的输出频率开始按预置的升速时间上升，电动机随频率的上升而开始启动。

在运行状态下，如果断开"FWD"端子和"CM"端子，则变频器的输出频率将按预置的降速时间下降为 0Hz，电动机降速并停止。

(3) 用继电器控制变频器驱动电动机正转运行的控制电路 (1)

采用外接继电器控制变频器驱动电动机正转运行控制电路如图 7-15 所示。该控制电路中，接触器 KM 只用来控制变频器是否通电，而电动机的启动与停止是由继电器 KA 来控制的。

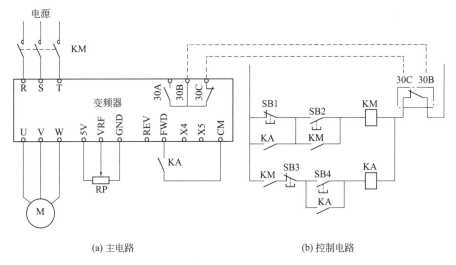

(a) 主电路   (b) 控制电路

图 7-15　用继电器控制变频器驱动电动机正转运行的控制电路 (1)

由图 7-15 可知，在接触器 KM 和中间继电器 KA 之间，有两个互锁环节。在接触器 KM 未吸合前（即未接通变频器电源前），继电器 KA 不能接通，从而防止了先接通继电器 KA 的误动作。另外，当中间继电器 KA 接通时，其并联在按钮 SB1 两端的常开触点 KA 闭合，使接触器 KM 的停止按钮 SB1 失去作用，这样保证了只有在电动机先停机的情况下，才能使变频器切断电源。

(4) 用继电器控制变频器驱动电动机正转运行的控制电路 (2)

图 7-16 也是一种采用外接继电器控制变频器驱动电动机正转
运行的控制电路。该控制电路中，断路器 QF 的作用是控制变频器
总电源的通断电，不作为变频器的工作开关。当变频器长时间不用或维护保养时，将此断路器断开，因此该断路器必须采用具有明显通断标志的产品。接触器 KM 只用来控制变频器是否通电，而电动机的启动与停止是由继电器 KA 来控制的。接触器 KM 和继电器 KA 可以方便地实现互锁控制和远程操作。控制电路中的 SB1 和 SB2 为变频器通、断电按钮，当按下 SB1 时，接触器 KM 的线圈通电，其主触点闭合，变频器通电；当按下 SB2 时，接触器 KM 的线圈失电，其主触点断开，变频器断电。

电动机的正向转动由按钮 SB3 控制，电动机的停止由按钮 SB4 控制。由图 7-16 可知，继电器控制回路的电源由接触器线圈的两端引出，这就保证了只有接触器线圈得电吸合，保证变频器通电后，按下按钮 SB3，中间继电器 KA 的线圈才能得电吸合，其触点将变频器的 FWD 端子与 COM 端子接通，电动机正向转

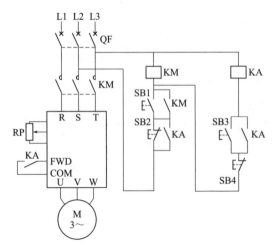

图 7-16　用继电器控制变频器驱动电动机正转运行的控制电路（2）

动。与此同时，中间继电器的另一动合触点封锁（短路）按钮 SB2，使其不起作用，这就保证了只有在电动机先停机的情况下，才能使变频器切断电源。

当需要停止时，必须先按下按钮 SB4，使中间继电器 KA 的线圈失电，其动合触点断开，将变频器的 FWD 端子与 COM 端子断开，电动机减速停止，与此同时，封锁按钮 SB2 的中间继电器动合触点 KA 复位（断开）。这时才可按下按钮 SB2，使接触器 KM 线圈失电，其主触点断开，变频器断电。由此可知，变频器的通断电是在停止输出状态下进行的，在运行状态下一般不允许切断电源。

7.3.2　变频器驱动电动机正反转控制电路

（1）改变电动机旋转方向的方法

① 改变相序　一般情况下，人们习惯于通过改变相序来改变三相异步电动机的旋转方向。但是，在使用变频器的情况下，需要注意以下几点。

a. 图 7-17（a）所示，交换变频器进线的相序是没有意义的，因为变频器的中间环节是直流电路，所以，变频器输出电路的相序与变频器输入电路的相序之间是毫无关系的。

b. 如图 7-17（a）所示，交换变频器输出线的相序是可以的，但却不是最佳方案。因为从变频器到电动机的电流比较大，导线比较粗，要改变主电路的相序，一般需要两个接触器，是比较费事的。

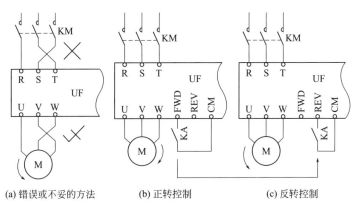

(a) 错误或不妥的方法　　(b) 正转控制　　(c) 反转控制

图 7-17　改变旋转方向的方法

② 改变控制端子　变频器的输入控制端子中，有"正转控制端"（FWD）和"反转控制端"（REV），如果需要改变电动机的转向，则分别将控制端子按图 7-17（b）和（c）进行接线即可。

③ 改变功能预置　例如，康沃 CVF-G2 系列变频器中，功能码"b-4"用于预置"转向控制"。数据码为"0"时是正转，数据码为"1"时是反转。

（2）变频器驱动电动机正反转控制电路

变频器驱动电动机正反转控制电路如图 7-18 所示。在该控制电路中，接触器仍只作为变频器的通、断电控制，而不作为变频器运行与停止控制，因此断电按钮 SB2 仍由中间继电器 KA1 和 KA2 封锁（短路）。其中 KA1 为正转继电器，用于连接变频器的 FWD 端子和 COM 端子，从而控制电动机的正转运行；KA2 为反转继电器，用于连接变频器的 REV 端子和 COM 端子，从而控制电动机的反转运行。按钮 SB1、SB2 用于控制接触器的接通或断开，从而控制变频器的通电或断电。按钮 SB3 为正转启动按钮，用于控制正转继电器 KA1 的吸合。按钮 SB4 为反转启动按钮，用于控制反转继电器 KA2 的吸合。按钮 SB5 为停止按钮，用于切断继电器 KA1 和 KA2 线圈的电源。另外，在继电器 KA1 和 KA2 各自的线圈回路中互相串联对方的一副动断辅助触点 KA2 和 KA1，以保证继电器 KA1 和 KA2 的线圈不会同时通电。这两副动断辅助触点在电路中起互锁作用。

当按下按钮 SB1 时，接触器 KM 线圈得电吸合并（通过 KM 的动合辅助触点）自锁，其主触点闭合，变频器处于通电待机状态。这时如果按下正转启动按钮 SB3，正转继电器 KA1 线圈得电吸合并（通过 KA1 的动合辅助触点）自锁，其动合触点 KA1 接通变频器的 FWD 端子，电动机正转，与此同时，其动断辅

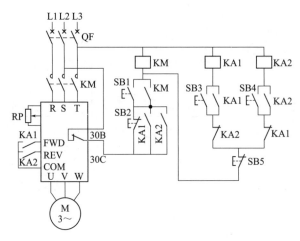

图 7-18　变频器驱动电动机正反转控制电路

助触点 KA1 断开，使反转继电器 KA2 线圈不能得电。如果要使电动机反转，应先按下 SB5，使继电器 KA1 线圈失电释放，其动合触点复位（断开），使变频器的 FWD 端子与 COM 端子断开，电动机降速停止，然后再按下反转启动按钮 SB4，反转继电器 KA2 线圈得电吸合并（通过 KA2 的动合辅助触点）自锁，其动合触点 KA2 接通变频器的 REV 端子，电动机反转，与此同时，其动断辅助触点 KA2 断开，使正转继电器 KA1 线圈不能得电。

　　不管电动机是正转运行还是反转运行，其两个继电器的另一副动合辅助触点 KA1、KA2 都将总电源停止按钮 SB2 短路。

7.3.3　用继电器-接触器控制的工频与变频切换控制电路

　　在交流变频调速系统中，根据工艺要求，常常需要选择"工频"运行或"变频"运行。例如：一些关键设备在投入运行后就不允许停机，否则会造成重大经济损失，这些设备如果由变频器拖动，则变频器一旦出现异常，应马上将电动机切换到工频电源；另外，有一类负载，应用变频器拖动，是为了变频调速节能，如果变频器达到了接近工频输出时（即电动机不需要变频调速时），就失去了节能的作用，这时应将变频器切换到工频运行，反之，当需要电动机调速时，就应将工频电网运行切换到变频器上运行。因此，工频与变频切换电路是一种常用电路。而且还应注意，工频与变频切换时，工频电网与变频器输出的相序必须一致。

　　用继电器-接触器控制实现变频器工频与变频切换的控制电路如图 7-19 所示。

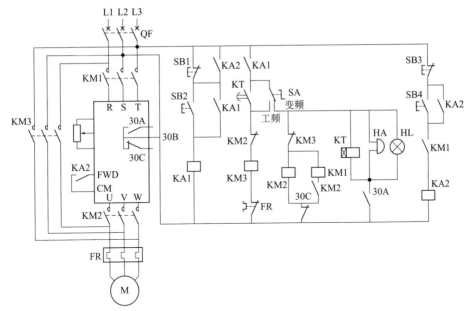

图 7-19 用继电器-接触器控制的工频与变频切换电路

（1）工频运行

在图 7-19 中，由于在工频运行时，变频器不能对电动机提供过载保护，所以主电路中接入了热继电器 FR，用于工频运行时的过载保护。同时，由于变频器输出端不允许与电源相连，所以，接触器 KM2 与 KM3 之间必须有互锁保护，防止这两个接触器同时接通。接触器 KM3 为工频运行接触器，当 KM3 主触点闭合时，电动机由工频电网供电。SA 为变频、工频切换旋转开关。当将旋转开关 SA 转到"工频"运行方式（即转到接触器 KM3 的线圈所在支路）时，按下总电源控制按钮 SB2，中间继电器 KA1 线圈得电吸合，其一组动合触点 KA1 闭合，实现 KA1 的自锁（自保持）；另一组动合触点 KA1 闭合，将接触器 KM3 线圈接通。KM3 线圈得电吸合，其主触点闭合，电动机由工频供电运行，与此同时，接触器 KM3 的动断辅助触点断开，切断了接触器 KM2 线圈所在的支路，实现了 KM3 与 KM2 的互锁。

当按下停止按钮 SB1 时，中间继电器 KA1 失电释放，其动合触点 KA1 断开（复位），接触器 KM3 的线圈也失电释放，KM3 的主触点断开，电动机停止运行。

（2）变频运行

当将旋转开关 SA 转到"变频"运行方式（即转到变频控制支路）时，按下总电源控制按钮 SB2，中间继电器 KA1 线圈得电吸合，其一组动合触点 KA1 闭合，实现 KA1 的自锁；另一组动合触点 KA1 闭合，将接触器 KM2 线圈接通。KM2 线圈得电吸合，KM2 的动合辅助触点闭合，使接触器 KM1 线圈得电吸合，即 KM2 吸合后 KM1 吸合，两接触器主触点闭合将变频器与电源和电动机接通，使其处于变频运行的待机状态，此时，串联在中间继电器 KA2 支路中的 KM1 的一组动合辅助触点闭合，为变频器启动做准备。与此同时，接触器 KM2 的动断辅助触点断开，切断了接触器 KM3 线圈所在的支路，实现了 KM2 与 KM3 的互锁。

当按下变频器工作按钮 SB4 时，中间继电器 KA2 线圈得电吸合，其一组动合触点将 SB4 短路自保，另一组动合触点接通变频器的 FWD 与 CM 端子，电动机正向转动。此时 KA2 还有一组动合触点将总电源停止按钮 SB1 短路，使它失效，以防止用总电源停止按钮停止变频器。

当变频器需要停止输出时，按下停止按钮 SB3，中间继电器 KA2 线圈失电释放，KA2 所有的动合触点断开，变频器的 FWD 与 CM 端子开路，变频器停止输出，电动机停止运行。如按下总电源停止按钮 SB1，中间继电器 KA1 释放，接触器 KM2、KM3 均释放，变频器断电。

(3) 故障保护及切换

当变频器工作时，由于电源电压不稳定、过载等异常情况发生时，变频器的集中故障报警输出触点 30A、30C 动作。30C 动断触点由接通转为断开（此时变频器停止输出，电动机处于空转运行），接触器 KM1、KM2 线圈失电释放，其主触点断开，将变频器与电源及电动机切除；与此同时，30A 动合触点闭合，将通电延时继电器 KT、报警蜂鸣器 HA、报警灯 HL 与电源接通，发出声光报警。延时继电器通过一定延时，其延时动合触点将接触器 KM3 线圈接通，KM3 主触点闭合，电动机切换到由工频供电运行。当操作人员发现报警后，将 SA 开关旋转到"工频"运行位置，声光报警停止，时间继电器 KT 线圈断电释放。

7.3.4 用 PLC 控制的工频与变频切换控制电路

用 PLC 控制实现变频器工频与变频切换的控制电路如图 7-20 所示。

在图 7-20 中，用接触器 KM1 切换变频器的通、断电；用接触器 KM2 切换变频器与电动机的接通与断开；用接触器 KM3 接通电动机工频运行。接触器 KM2 与 KM3 在切换过程中不能同时接通，需要在 PLC 内、外通过程序和电路

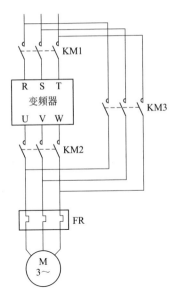

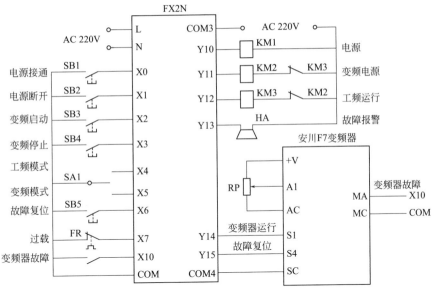

图 7-20 用 PLC 控制工频与变频切换控制电路

进行互锁（联锁）保护。由于在工频运行时，变频器不能对电动机提供过载保护，所以主电路中接入了热继电器 FR，用于工频运行时的过载保护。变频器由电位器 RP 进行频率设定；旋转开关 SA1 用于切换"工频模式"或"变频模式"；按钮 SB5 用于变频器出现故障后对故障信号复位。电源切换梯形图如图 7-21 所示。

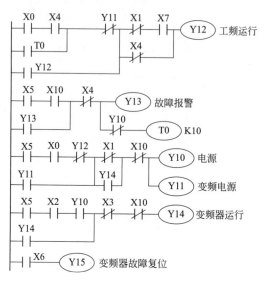

图 7-21　电源切换梯形图

(1) 工频运行

工频运行时，将选择开关 SA1 扳到"工频模式"位置，输入继电器 X4 为"1"状态，为工频运行做好准备。

按下电源接通按钮 SB1，X0 变为"1"状态，使 Y12 的线圈通电，并保持，接触器 KM3 线圈得电吸合，其主触点闭合，电动机在工频电压下启动并运行。

工频运行时，X4 的动断触点断开，当按下"电源断开"按钮 SB2 时，继电器 X1 为"1"状态，X1 的动断触点断开使 Y2 的线圈断电，使接触器 KM3 的线圈失电释放，其主触点断开，电动机停止运行。如果电动机过载，则热继电器 FR 的动断触点断开，继电器 X7 变为"0"状态，Y12 的线圈也会断电，使接触器 KM3 的线圈失电释放，其主触点断开，电动机停止运行。

(2) 变频运行

若需要变频运行时，将选择开关 SA1 旋至"变频模式"位置，继电器 X5 变为"1"状态，为变频器运行做好了准备。当按下"电源接通"按钮 SB1 时，继电器 X0 为"1"状态，Y10 和 Y11 的线圈通电，使接触器 KM1 和 KM2 线圈得电吸合，其主触点闭合，接通变频器的电源，并将电动机接至变频器的输出端。

接通电源后，当按下"变频启动"按钮 SB3 时，继电器 X2 变为"1"状态，使 Y14 线圈通电，变频器 S1 端子被接通，电动机在变频模式运行。Y14 的动合触点闭合后，使"电源断开"按钮 SB2（接在 PLC 的 X1 端）的动断触点不起作用，以防止在电动机变频运行时，用按钮 SB2 切断变频器的电源。

当按下"变频停止"按钮 SB4 时，继电器 X3 变为"1"状态，X3 的动断触点断开，使 Y14 的线圈断电，变频器的 S1 端子处于断开状态，电动机减速和停机。

(3) 故障时的电源切换

如果变频器出现故障，变频器的 MA 端子与 MC 端子之间的动合触点闭合使 PLC 的输入继电器 X10 变为"1"状态，Y11、Y10 和 Y14 的线圈断电，使接触器 KM1 和 KM2 线圈断电，变频器的电源被断开。Y14 使变频器的输入端子 S1 断开，变频器停止工作。与此同时，Y13 线圈通电并保持，声光报警器 HA 动作，开始报警。同时时间继电器 T0 开始定时。当定时时间到时，Y12 线圈通电并保持电动机自动进入工频运行状态。

当操作人员接到报警信号后，应立即将 SA1 扳到"工频模式"位置，输入继电器 X4 动作，使控制系统正式进入工频运行模式。另一方面，使 Y13 线圈断电，停止声光报警。

当处理完变频器的故障，重新通电后，应按下"故障复位"按钮 SB5，继电器 X6 变为"1"状态，使 Y15 线圈通电，接通变频器的故障复位端 S4，使变频器的故障状态复位。

7.3.5　用 PLC 控制变频器多挡调速控制电路

下面举一个实例说明 PLC 与变频器的连接。我们知道，几乎所有的变频器都设置有多挡转速的功能（变频器可以设定若干挡工作频率），其频率挡次的切换是由外接的开关器件改变输入端子的状态和组合来实现的，即各挡转速间的转换是由外接开关的通断组合来实现的。

变频器的外接输入控制端子中，通过功能预置，可以将若干个（通常为 2～4 个）输入端作为多挡（3～16 挡）转速控制端。其转速的切换由外接开关器件的状态组合来实现，转速的挡次是按二进制的顺序排列的，故 2 个输入端可以组合成 3 或 4 挡（"0"状态不计为 3 挡，"0"状态计入时为 4 挡）转速；3 个输入端可以组合成 7 或 8 挡（"0"状态不计为 7 挡，"0"状态计入时为 8 挡）转速，如图 7-22 所示；4 个输入端可以组合成 15 或 16 挡（"0"状态不计为 15 挡，"0"状态计入时为 16 挡）转速。

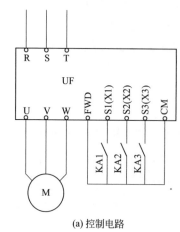

输入端子状态			转速挡次
S3	S2	S1	
OFF	OFF	ON	1
OFF	ON	OFF	2
OFF	ON	ON	3
ON	OFF	OFF	4
ON	OFF	ON	5
ON	ON	OFF	6
ON	ON	ON	7

(a) 控制电路   (b) 转速挡次

图 7-22　多挡转速功能

例如，当端子 S1、S2、S3 被预置为多挡转速的信号输入端时。通过继电器 KA1、KA2、KA3 的不同组合，可输入 7 挡转速的信号，如图 7-22（a）所示；转速挡次与各输入端子状态之间的关系如图 7-22（b）所示。

各挡的工作频率（转速）究竟为多大，则根据需要进行预置。功能预置分两个步骤。

第一步：在输入控制端子中选择若干个端子（图 7-22 中为 3 个）作为多挡转速输入控制端。

第二步：预置各挡转速的运行频率。

（1）控制要点

变频器在实现多挡转速控制时，需要解决如下的问题（以 7 挡转速控制为例）：

① 变频器每个输出频率的挡次需要由三个输入端的状态来决定；

② 操作人员切换转速所用的开关器件通常为按钮开关或触摸开关，每个挡次只有一个触点。所以，必须解决好转速选择开关的状态和变频器各控制端状态之间的变换问题，如图 7-23 所示。针对这种情况，通过 PLC 来进行控制是比较方便的。

（2）控制实例

某生产机械有 7 挡转速，通过 7 个选择按钮来进行控制。

1）控制电路

多挡转速的 PLC 控制电路如图 7-24 所示，现说明如下：

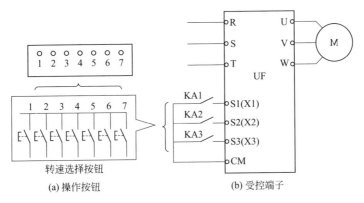

图 7-23　多挡转速控制要点

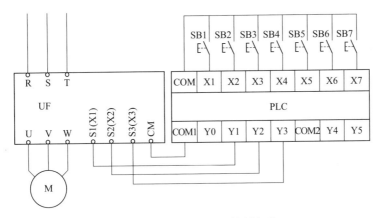

图 7-24　多挡速的 PLC 控制电路

① PLC 的输入电路　PLC 的输入端 X1～X7 分别与非自动复位型按钮开关 SB1～SB7 相接，用于接受 7 挡转速的信号。

② PLC 的输出电路　PLC 的输出端 Y1、Y2、Y3 分别接至变频器的输入控制端的 S1、S2、S3，用于控制 S1、S2 和 S3 的状态。

2）PLC 的梯形图

采用非自动复位型按钮开关的 PLC 的梯形图（注意：SB1～SB7 为非自动复位型按钮开关）如图 7-25 所示。观察图 7-22（b）中之端子状态表，可得到如下规律：

变频器端子 S1 在第 1 挡、3 挡、5 挡、7 挡转速时都处于接通状态，故 PLC 的输入端子 X1、X3、X5、X7 中只要有一个得到信号，则输出端子 Y1"动作"（便有输出）→使变频器的 S1 端得到信号；

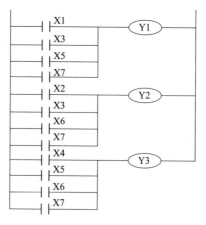

图 7-25　PLC 的梯形图

变频器端子 S2 在第 2 挡、3 挡、6 挡、7 挡转速时都处于接通状态，故 PLC 的输入端子 X2、X3、X6、X7 中只要有一个得到信号，则输出端子 Y2 "动作"（便有输出）→使变频器的 S2 端得到信号；

变频器端子 S3 在第 4 挡、5 挡、6 挡、7 挡转速时都处于接通状态，故 PLC 的输入端子 X4、X5、X6、X7 中只要有一个得到信号，则输出端子 Y3 "动作"（有输出）→使变频器的 S3 端得到信号。

3）工作过程举例

今以用户选择第 3 挡转速为例，说明其工作情况如下：

按下按钮 SB3→PLC 的 X3 得到信号 "动作" →PLC 的 Y1 和 Y2 有输出 "动作"→变频器的 S1、S2 端子得到信号→变频器将在第 3 挡转速下运行。

（3）注意事项

由以上分析可知，在上面的控制实例中，SB1～SB7 采用的是非自动复位型按钮开关。如果 SB1～SB7 采用了自动复位型按钮开关，则 PLC 的输入端子 X1～X7 得到的信号不能保持，故需要借助 PLC 中的中间继电器 M1～M7，使各转速挡次的信号保持下来。现说明如下：

按下 SB1→X1 得到信号→M1 "动作" 并自锁，M1 保持第 1 转速的信号。当按下 SB2～SB7 中任何一个按钮开关（X2～X7 中有一个得到信号）时→M1 释放。即 M1 仅在选择第 1 挡转速时 "动作"。

按下 SB2→X2 得到信号→M2 "动作" 并自锁，M2 保持第 2 转速的信号。当按下除 SB2 以外的任何一个按钮开关时→M2 释放。即：M2 仅在选择第 2 挡转速时"动作"。

以此类推：M3 仅在选择第 3 挡转速时"动作"；M4 仅在选择第 4 挡转速时"动作"；M5 仅在选择第 5 挡转速时"动作"；M6 仅在选择第 6 挡转速时"动作"；M7 仅在选择第 7 挡转速时"动作"。

与图 7-22 类似：

M1、M3、M5、M7 中只要有一个接通，则 Y1"动作"→变频器的 S1 端接通；

M2、M3、M6、M7 中只要有一个接通，则 Y2"动作"→变频器的 S2 端接通；

M4、M5、M6、M7 中只要有一个接通，则 Y3"动作"→变频器的 S3 端接通。

今以用户选择第 5 挡转速为例，说明其工作情况如下：

按下 SB5→X5 得到信号→M5"动作"，同时，如果在此之前 M1、M2、M3、M4、M6、M7 中有处于动作状态的话，都将释放→Y1、Y3"动作"→变频器的 S1、S3 端子接通，变频器将在第 5 挡转速下运行。

7.3.6 用 PLC 控制变频器的输出频率和电动机的旋转方向

图 7-26 是用 PLC 控制变频器的输出频率和电动机的旋转方向的接线图，在该电路图中，PLC 的输入继电器 X0 和 X1 用来接收按钮 SB1 和 SB2 的指令信号，通过 PLC 的输出点 Y10 控制变频器电源的接通与断开；三位置旋钮开关 SAl 通过 PLC 输入继电器 X2 和 X3 控制电动机的正转、反转运行或停止。"正转运行/停止"开关接通时，电动机正转运行，断开时停机；"反转运行/停止"开关接通时电动机反转运行，断开时停机。变频器的输出频率由接在模拟量输入端 A1 的电位器控制。用 PLC 控制变频器的输出频率和电动机的旋转方向的 PLC 梯形图如图 7-27 所示。

当按下"接通电源"按钮 SB1 时，PLC 的输入继电器 X0 变为"1"状态，使 PLC 的输出继电器 Y10 的线圈通电并保持，使接触器 KM 线圈得电吸合，其主触点闭合，接通变频器的电源。

当按下"断开电源"按钮 SB2 时，PLC 的输入继电器 X1 变为"1"状态，如果 PLC 的输入继电器 X2 和 X3 均为"0"状态（三位置旋转开关 SA1 在中间位置），即变频器还未运行，则 PLC 的输出继电器 Y10 被复位，使接触器 KM 线圈断电释放，其主触点断开，使变频器的电源被切断。

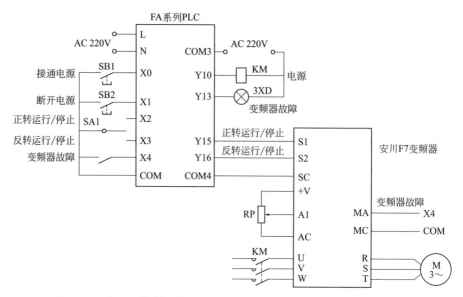

图 7-26　用 PLC 控制变频器的输出频率和电动机的旋转方向的接线图

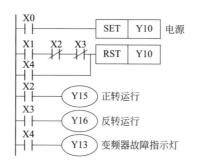

图 7-27　用 PLC 控制变频器的输出频率和电动机的旋转方向的梯形图

当变频器出现故障时，PLC 输入继电器 X4 变为 "1" 状态，X4 的动合触点接通，亦使 Y10 复位，使接触器 KM 线圈断电释放，其主触点断开，使变频器的电源被切断。

当电动机正转或反转运行时，因为 PLC 输入继电器 X2 或 X3 已经变为 "1" 状态，X2 或 X3 的动断触点断开，使 "断开电源" 按钮 SB2 和 PLC 输入继电器 X1 不起作用，以防止在电动机运行时切断变频器的电源。

将三位置旋转开关 SA1 旋至 "正转运行" 位置，PLC 输入继电器 X2 变为 "1" 状态，使 PLC 输出继电器 Y15 动作，变频器的 S1 端子被接通，电动机正转运行。

将 SA1 旋至 "反转运行" 位置，PLC 输入继电器 X3 变为 "1" 状态，使 PLC 输出继电器 Y16 动作，变频器的 S2 端子被接通，电动机反转运行。

将 SA1 旋至中间位置，PLC 输入继电器 X2 和 X3 均为 "0" 状态，使 PLC

输出继电器 Y15 和 Y16 的线圈断电，变频器的 S1 和 S2 端子都处于断开状态，电动机停机。

7.3.7 带有制动器的电动机变频调速控制电路

某些工作场合，当电动机断电后，应立即停止运行，不允许其再滑动。例如起重设备，当重物悬吊在空中时，如果断开电动机的电源后，制动器必须立即将电动机转子抱住，不然重物会下滑，这是不允许的。因此需要电动机带有制动器。制动器原理为：当电磁线圈未通电时，由机械弹簧将制动闸片（制动瓦块）压紧，使转子不能转动，处于抱闸制动状态；当给电磁线圈通入电流时，电磁力将制动闸片吸开，转子可以自由转动，处于制动器抱闸松开状态。

变频器控制电动机带抱闸制动的控制电路有以下特点：当电动机停止转动时，变频器输出制动信号；当电动机开始启动时，变频器输出制动器抱闸松开信号。制动器闸片夹紧和松开信号输出的时刻必须准确，否则会造成变频器过载。

带有制动器的电动机变频调速控制电路如图 7-28 所示。此电路主要控制变频器的通、断电及电动机正转运行与停止，并在停止时，控制电动机制动。图中 W 为电动机制动器的电磁线圈，当继电器 KD 线圈得电吸合，其动合触点 KD 闭合时，制动器的电磁线圈 W 通电，制动器抱闸松开；当继电器 KD 线圈失电释放时，其动合触点断开，制动器的电磁线圈 W 失电，电动机制动器制动。VD1

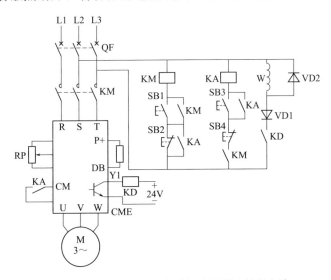

图 7-28 带有制动器的电动机变频调速控制电路

为整流二极管，VD2 为续流二极管，当继电器动合触点 KD 断开时，VD2 为电磁线圈 W 续流。

由图 7-28 可知，制动器控制信号是由变频器的多功能输出端子（Y1 端子）给出的，将此端子定义为"频率到达"输出端，并将"频率到达"信号预置为 0.5Hz。当输出频率高于 0.5Hz 时，此端子 Y1-CME 接通，继电器 KD 线圈得电吸合，其动合触点闭合，制动器的电磁线圈 W 通电，制动器抱闸松开，变频器进入正常调速工作状态；当变频器减速停止，输出频率低于 0.5Hz 时，Y1-CME 端子断开，继电器 KD 线圈失电释放，其动合触点断开，制动器的电磁线圈 W 失电，电动机制动器制动，电动机停止。

该电路是多功能输出端子的灵活借用，在起重机专用变频器中都设置专用的制动器端子。分析此例的目的是想提醒读者，变频器输入、输出端子的灵活应用，是变频器应用中的一项重要内容，大家在变频器应用中要广开思路。

7.4 变频器在各类负载中的应用

7.4.1 变频器在恒压供水系统的应用

采用变频器和可编程控制器等现代控制设备和技术实现恒定水压供水，是供水领域技术革新的必然趋势。迄今，变频调速恒压供水系统（包括楼层恒压供水和自来水厂的恒压供水）已经为广大用户所接受，应用最为普遍。

(1) 单机的恒压供水系统

1）恒压供水的目的

对于供水系统的控制，归根结底，是为了满足用户对流量的要求。所以流量是供水系统的基本控制对象。但流量的测量比较复杂，考虑到在动态情况下，管道中水压 p 的大小与供水能力（用流量 Q_G 表示）和用水需求（用流量 Q_U 表示）之间的平衡情况有关。如图 7-29 所示，以压力表 SP 所在位置为界，SP 之前的流量 Q_G 代表供水能力，SP 之后的流量 Q_U 代表用水需求。

如供水能力 $Q_G >$ 用水需求 Q_U，则压力上升（$p \uparrow$）。

如供水能力 $Q_G <$ 用水需求 Q_U，则压力下降（$p \downarrow$）。

如供水能力 $Q_G =$ 用水需求 Q_U，则压力不变（$p =$ 常数）。

可见，供水能力与用水需求之间的矛盾具体地反映在流体压力的变化上。保持

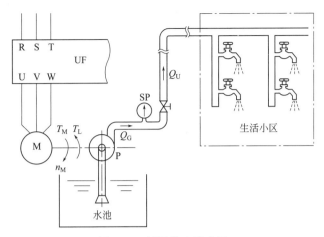

图 7-29 恒压供水示意图

供水系统中某处压力的恒定，也就保证了使该处的供水能力与用水需求处于平衡状态，恰到好处地满足了用户所需的用水流量，这就是恒压供水所要达到的目的。

2）恒压供水控制电路

单机的恒压供水控制电路如图 7-30 所示，水泵电动机 M 由变频器 UF 供电。

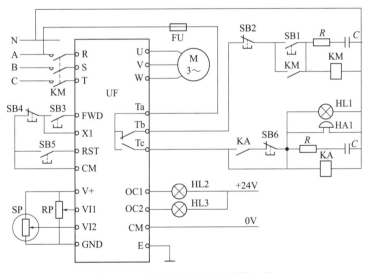

图 7-30 单机的恒压供水控制电路

由图 7-30 可知，变频器有两个模拟量控制信号的输入端。

① 目标信号输入端 通过功能预置，将"PID 设定通道选择"选择为 VI1。则当 PID 功能有效时，VI1 端即自动地成为目标信号的输入端。目标信号（给定信号）X_T 从电位器 RP 上取出。

目标信号是一个与压力的控制目标相对应的值，显示屏上通常以百分数表示。目标信号也可以由键盘直接给定，而不必通过外接电路来给定。

② 反馈信号输入端　通过功能预置，将"PID 反馈通道选择"选择为 VI2。当 PID 功能有效时，VI2 端即自动地成为反馈信号的输入端。接收从远传压力表（压力变送器）SP 反馈回来的信号。

在图 7-30 中，远传压力表 SP 的电源由变频器提供（端子 V+-GND），其输出信号便是反映实际压力的反馈信号 X_F，接至变频器的 VI2 端。反馈信号的大小在显示屏上也由百分数表示。

变频器的作用是将反馈信号与目标信号比较，经 PID 调节后，决定加、减速。

3）控制电路的功能

① 变频器供电　变频供电由按钮开关 SB1 和 SB2 通过接触器 KM 进行控制，将变频器内部报警继电器的动断触点（Ta-Tb）与接触器的线圈 KM 串联，一旦变频器因故障而跳闸，接触器线圈 KM 将失电释放，其主触点断开，立即使变频器脱离电源。

② 变频器的运行　变频器的运行采用自锁控制（三线控制）方式，通过功能预置，使端子 X1 成为自锁控制端。则按下按钮 SB3，变频器即开始运行，并自锁；按下按钮 SB4，变频器即停止运行。

③ 变频器跳闸后的声光报警　变频器因故障而跳闸，一方面要求切断变频器电源，另一方面要发出报警信号，以提醒值班人员注意。报警控制线路如图 7-30 所示。

工作原理：Ta、Tb、Tc 是变频器的继电器输出端子，正常运行情况下，Ta-Tc 之间是断开的，Ta-Tb 之间是闭合的。将动断触点（Ta-Tb）串接在接触器 KM 的线圈回路中，用动合触点（Ta-Tc）启动报警指示灯 HL1 和报警电笛 HA1，当变频器因故障而跳闸时，变频器输出端子进行切换，其动断触点（Ta-Tb）断开，使 KM 线圈断电，切断变频器电源；与此同时，动合触点（Ta-Tc）闭合，进行声光报警。

④ 继电器 KA 的作用　当变频器因故障而跳闸时，继电器 KA 得电吸合，其动合触点闭合，将声光报警电路自锁.使变频器断电后，声光报警能持续下去，直至工作人员按下按钮 SB6 为止。

⑤ 压力的上、下限报警　将输出信号端子 OC1 和 OC2 分别预置为压力的上、下限报警输出即可。

(2) 继电器控制的 1 控 2 的恒压供水系统

SB200 系列变频器在变频恒压供水装置上的应用如图 7-31 所示。

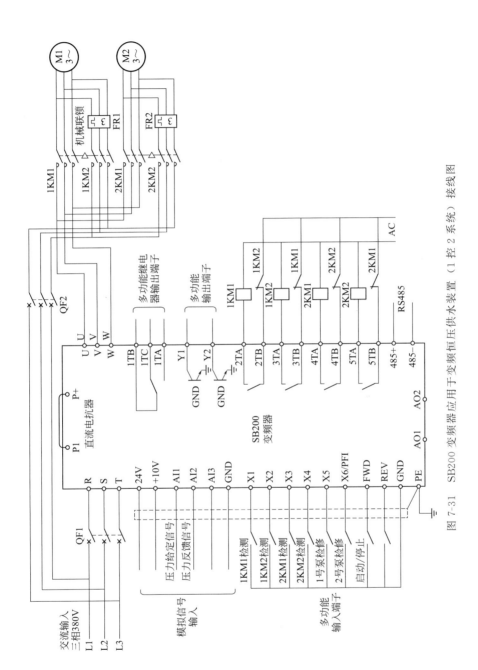

图 7-31 SB200 变频器应用于变频恒压供水装置（1 控 2 系统）接线图

图 7-31 中所示的控制系统为变频 1 控 2，即一台变频器控制两台水泵，该控制系统运行时，只有一台水泵处于变频运行状态。在循环投切系统中，M1、M2 分别为驱动 1 号、2 号水泵的电动机，1KM1、2KM1 分别为 1 号、2 号水泵变频运转控制接触器，1KM2、2KM2 分别为 1 号、2 号水泵工频运转控制接触器，1KM1、1KM2、2KM1、2KM2 由变频器内置继电器控制，四个接触器的状态均可通过可编程输入端子进行检测，如图 7-31 中 X1~X4 所示；当 1 号、2 号水泵在运行中出现故障时，可以通过输入相应检修指令，让该故障水泵退出运行，非故障水泵继续保持运行，以保证系统供水能力；压力给定信号可通过端子模拟输入信号或数字给定，反馈信号可为电流或电压信号。

(3) PLC 控制的 1 控 3 的恒压供水系统

所谓 1 控 3，是指由 1 台变频器控制 3 台水泵的方式，目的是减少设备费用。但显然，3 台水泵中只有 1 台是变频运行的，其总体节能效果不能与用 3 台变频器控制 3 台水泵相比。

1）1 控 3 的工作方式

设 3 台水泵分别为 1 号泵、2 号泵和 3 号泵，工作过程如下：

先由变频器启动 1 号泵运行，如工作频率已经达到 50Hz，而管网压力仍不足时，将 1 号泵切换成工频运行，再由变频器去启动 2 号泵，供水系统处于"1 工 1 变"的运行状态；如变频器的工作频率又已达到 50Hz，而压力仍不足时，则将 2 号泵也切换成工频运行，再由变频器去启动 3 号泵，供水系统处于"2 工 1 变"的运行状态。

如果变频器的工作频率已经降至下限频率，而压力仍偏高时，则令 1 号泵停机，供水系统又处于"1 工 1 变"的运行状态；如变频器的工作频率又降至下限频率，而压力仍偏高时，则令 2 号泵也停机，供水系统又回复到 1 台泵变频运行的状态。这样安排，具有使 3 台泵的工作时间比较均匀的优点。

2）1 控 3 的控制电路

很多变频器都带有专用于由 1 台变频器控制多台水泵的附件，称为扩展板。PLC 控制的 1 控 3 的恒压供水控制电路如图 7-32 所示。

由图 7-32 可知，接触器 KM0~KM5 负责进行切换。如接触器 KM0 闭合、KM1~KM5 断开，1 号泵变频运行；接触器 KM1 闭合、KM0、KM2~KM5 断开，1 号泵工频运行。

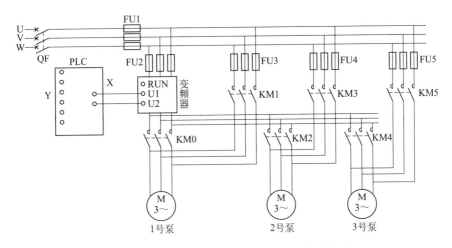

图 7-32 PLC 控制的 1 控 3 的恒压供水控制电路

① 变频器的作用

a. 将反馈信号与目标信号比较，经 PID 调节后，决定加、减速；

b. 设定变频器的多功能输出端 U1、U2 分别为上、下限频率检测，当变频器的频率到达上、下限频率时，U1、U2 分别有输出；

c. 变频器参数设置参照单机的设置。

PLC 与变频器的连接如图 7-33 所示。

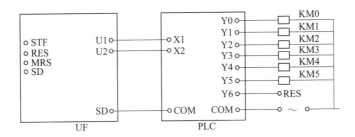

图 7-33 PLC 与变频器的连接

② PLC 的作用

a. 变频器到达上限频率，U1 接通，启动 PLC 加泵程序，现有泵切换到工频，变频器复位，启动下一台泵；

b. 变频器到达下限频率，U2 接通，启动 PLC 减泵程序，切除一台工频运行的水泵；

c. 给变频器复位。

7.4.2 变频器在通风机械中的应用

传统的风机控制方式是通过调节风门或挡板开度的大小来调整风量。但在运行中调节阀门、挡板的方式，不论风量需求大小，风机都要满负荷运转，拖动风机的电动机的轴功率并不会改变，电动机消耗的能量也并没有减少，而实际生产所需要的流量一般都比设计的最大流量小很多，因而普遍存在着"大马拉小车"现象。风机这样的运行方式不仅损失了能量，而且增大了设备损耗，导致设备使用寿命缩短，维护、维修费用高。把变频调速技术应用于风机的控制，代替阀门（或挡板）控制就能提高系统的效率。变频调速能够根据负荷的变化使电动机自动、平滑地增速或减速，实现电动机无级变速。变频调速范围宽、精度高，是电动机最理想的调速方式。如果将风机的非调速电动机改造为变频调速电动机，其耗电量就能随负荷变化，从而节约大量电能。

(1) 变频器与控制方式的选择

① 变频器容量的选择　风机在某一转速下运行时，其阻转矩一般不会发生变化，只要转速不超过额定值，电动机也不会过载。所以变频器的容量只需按照说明书上标明的"配用电动机容量"进行选择即可。

② 控制方式的选择　由于风机在低速运行时阻转矩很小，不存在低频时能否带动的问题，故可以采用 U/f 控制方式。并且从节能的角度考虑，可选最低挡的 U/f 曲线，如图 7-34 中之曲线③。如果变频器有自动节能模式，则预置为自动节能模式。

多数生产厂家都生产了比较价廉的专用于风机、水泵的变频器。所以，可以选择风机、水泵专用型变频器。

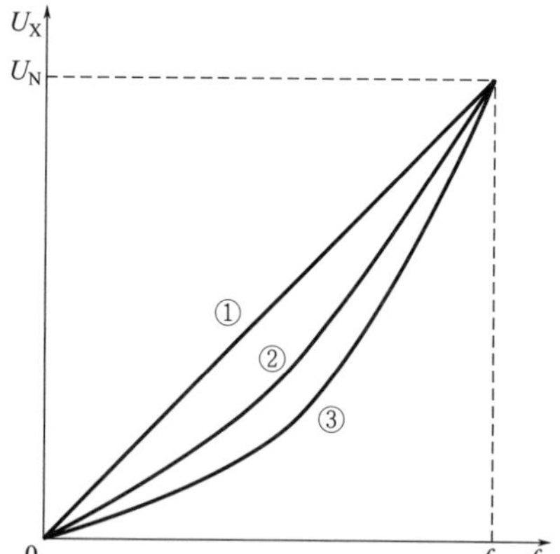

图 7-34　变频器的 U/f 曲线

(2) 变频器的功能预置

① 上限频率　由风机的机械特性可知，一旦风机的转速超过额定转速，风机的阻转矩将增大很多，容易造成电动机和变频器过载，因此预置的上限频率不应超过电动机的额定频率。

② 下限频率　由风机的特性或工况可知，风机对下限频率没有要求。但是风机的转速太低时，其风量太小，在多数情况下，风量太小并无实际意义，故一

般把下限频率预置为大于 20Hz。

③ 加、减速时间 因为风机的惯性较大,如果加速时间太短,容易引起过流;如果减速时间太短,则容易引起过电压。另一方面,风机一般都是连续运行的,启动和停机的次数很少,启动和制动的时间长短,并不影响生产效率。所以,加、减速时间应预置的长一些,具体时间可视风机容量的大小而定。一般来说,容量越大者,加、减速时间应越长。以 75kW 的鼓风机为例,加、减速时间可预置为 30~60s(以启动和停机过程中不跳闸为度)。

④ 加、减速方式 由风机的机械特性可知,风机在低速时,其阻转矩很小,随着风机转速的升高,其阻转矩增大得很快;反之,在停机开始时,由于惯性的原因,风机转速下降得较慢,其阻转矩下降得更慢。所以,加、减速方式以半 S 方式比较适宜,如图 7-35 所示。S 形时间 t_S 可以按升速时间 t_A(或降速时间 t_D)的 20%~30% 来设置。

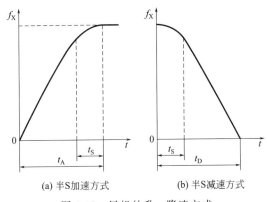

(a) 半S加速方式 (b) 半S减速方式

图 7-35 风机的升、降速方式

⑤ 启动前的直流制动 由于风机在停机状态下,其叶片常常因自然风而反转,使电动机在刚启动时,处于"反接制动"状态,产生很大的冲击电流。因此,根据需要,可预置"启动前的直流制动功能",以保证电动机能够在"零速"的状态下启动。

⑥ 回避频率 风机在高速运行时,由于阻转矩很大,较容易在某一转速下发生机械谐振。如遇到机械谐振时,首先应注意紧固所有的螺钉及其他紧固件。如果无效,则应考虑预置回避频率。

(3) 风机变频调速控制电路

风机的开环控制电路十分简单,图 7-36 所示为一个利用升、降速端子的风机变频调速电路。图中 X1、X2 分别预置为升速端子和降速端子,由按钮开关 SB1 和 SB2 控制。继电器 KA 用于运行控制。

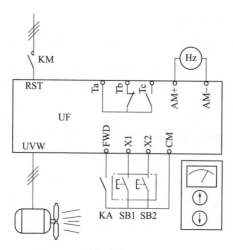

图 7-36　风机变频调速控制电路

(4) 锅炉鼓风机变频调速控制电路

采用 PLC 和变频器的锅炉鼓风机变频调速系统的控制电路如图 7-37 所示。该变频调速控制系统能在变频和工频两种情况下进行控制。

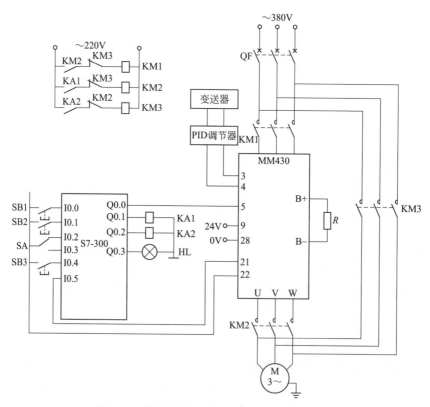

图 7-37　锅炉鼓风机变频调速系统的控制电路

由图 7-37 可知，该变频调速控制电路采用了西门子 S7-300 系列 PLC 和西门子 MM430 型变频器，其 PLC 的 I/O 接口分配见表 7-1，其变频器的参数设置见表 7-2。

表 7-1 S7-300 PLC 的 I/O 接口分配

输入			输出		
输入地址	元件	作用	输出地址	元件	作用
I0.0	SB1	启动按钮	Q0.0	5 端	变频器运行
I0.1	SB2	停止按钮	Q0.1	KA1	变频器变频运行
I0.2	SA	工频转换	Q0.2	KA2	变频器工频运行
I0.3	SA	变频转换	Q0.3	HL	变频器故障指示灯
I0.4	SB3	复位按钮			
I0.5	21、22 端	变频器故障输出			

表 7-2 MM430 型变频器的参数设置

参数号	设定值	说明
P0003	3	用户访问所有参数
P0100	0	功率以 kW 为单位，频率为 50Hz
P0304	380	电动机额定电压（单位为 V）
P0305	139	电动机额定电流（单位为 A）
P0307	75	电动机额定功率（单位为 kW）
P0309	0.94	电动机额定效率（单位为%）
P0310	50	电动机额定频率（单位为 Hz）
P0311	2950	电动机额定转速（r/min）
P0700	2	命令由端子排输入
P0702	1	端子 DIN1 功能为 ON，接通正转
P0756	0	单极性电压输入（0～10V）
P1000	2	频率设定通过外部模拟量给定
P1080	10	电动机运行的最低频率（单位为 Hz）
P1082	50	电动机运行的最高频率（单位为 Hz）
P1120	5	加速时间（单位为 s）
P1121	5	减速时间（单位为 s）

在图 7-37 中，SA 为工频/变频转换开关，当 SA 旋至工频位置时，按下启动按钮 SB1，接触器 KM3 通电，电动机在工频情况下运行；按下停止按钮 SB2，

电动机停止运行；当 SA 旋至变频位置时，按下启动按钮 SB1，接触器 KM1 和 KM2 通电，电动机在变频情况下运行；按下停止按钮 SB2，电动机停止运行。

PID 控制器由比例单元（P）、积分单元（I）和微分单元（D）组成。PID 控制就是比例积分微分控制，是一种闭环控制。通过变频器实现 PID 控制有两种情况：一种是变频器内置 PID 控制功能，给定信号通过变频器的键盘面板或端子输入，反馈信号反馈给变频器的控制端，在变频器内部进行 PID 调节以改变输出频率；另一种是用外部的 PID 调节器将给定量与反馈量比较后输出给变频器，加到控制端子作为控制信号。总之，变频器的 PID 控制是与传感器元件构成的一个闭环控制系统，可以实现对被控制量的自动调节。

当变频器出现故障时，锅炉鼓风机自动停止运行，5s 后转入工频运行，同时报警灯亮。故障排除后，按下复位按钮 SB3，报警指示灯灭，锅炉鼓风机停止工频运行，5s 后转入变频运行。

7.4.3　变频器在龙门刨床的应用

龙门刨床是机械工业中的主要机床之一，在工业生产中占有重要地位。龙门刨床主要用于刨削大型工件，也可在工作台上装夹多个零件同时加工。主要用于重型工件在一次安装中进行刨削、铣削和磨削平面等加工。其生产工艺主要是刨削（或磨削），用于加工大型、狭长的机械零件。

龙门刨床具有门式框架和卧式长床身的刨床，其结构如图 7-38 所示。在横梁上一般装有两个垂直刀架，刀架滑座可以在垂直面内回转一个角度，并可沿横

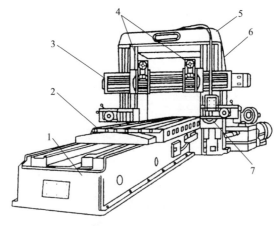

图 7-38　龙门刨床的基本结构
1—床身；2—工作台；3—横梁；4—垂直刀架；5—顶梁；6—立柱；7—侧刀架

梁作横向进给运动；刨刀可在刀架上作垂直或斜向进给运动；横梁可在两立柱上作上下调整。一般在两个立柱上还安装可沿立柱上下移动的侧刀架，以扩大加工范围。龙门刨床的工作台（刨台）带着工件通过门式框架做直线往复运动，空行程速度大于工作行程速度，回程时能机动抬刀，以免划伤工件表面。

龙门刨床的刨削过程是工件（安装在刨台上）与刨刀之间做相对运动的过程，因为刨刀是不动的，所以，龙门刨床的主运动就是工作台频繁的往复运动，从而完成刨削、铣削和磨削平面等加工。工作台的运动分为人工点动运行和自动往复循环运行。龙门刨床的电气控制系统主要用于控制工作台的自动往复运动和调速。

(1) 工作台的往复周期

工作台往复运动的周期，是指工作台每往返一次的速度变化，某龙门刨床工作台的往复周期如图 7-39 所示。

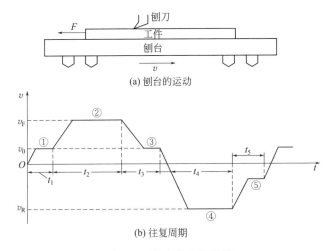

(a) 刨台的运动

(b) 往复周期

图 7-39　刨台的往复周期

图 7-39 中，v 为线速度，t 为时间。各时间段（$t_1 \sim t_5$）的工况如下。

t_1 段：刨台启动、刨刀切入工件的阶段。为了减小在刨刀刚切入工件的瞬间，刀具所受的冲击，和防止工件被崩坏，此阶段速度较低，为 v_0。

t_2 段：刨削段。刨台加速至正常的刨削速度 v_F。

t_3 段：刨刀退出工件段。为防止工件边缘被崩裂，同样要求速度较低。

t_4 段：返回段，返回过程中，刨刀不切削工件，为节省时间，提高加工效率，返回速度应尽可能高些，设为 v_R。

t_5 段：缓冲区。返回行程即将结束，再反向到工作速度之前，为减小对传动机构的冲击，应将速度降低为 v_0，之后进入下一个周期。

（2）控制要求

将 PLC 和变频器用于龙门刨床控制系统中，工作台（刨台）的主运动及进刀机构分别采用变频器进行控制，制动系统采用能量回馈装置，全部工艺过程及相关信号由 PLC 进行控制。

由图 7-40 可知，在一个完整的工作周期中，刨台速度的变化过程，其具体的频率变化要求是：

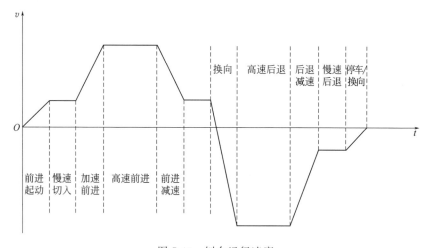

图 7-40 刨台运行速度

① 慢速切入和前进减速时的频率为 25Hz；

② 高速前进时的频率为 45Hz；

③ 高速后退时的频率为 50Hz；

④ 慢速后退时的频率为 25Hz；

（3）刨台往复运动的控制

① 往复指令　刨台在往复周期中，实现速度变化的指令信号由刨台下面专用的双稳态接近开关（行程开关）的状态得到的。接近开关的状态又由装在下部的四个"接近块"（相当于行程开关的撞块，分别编以 A、B、C、D）接近的情况所决定。刨台往复周期中的指令信号如图 7-41 所示。图中为了直观起见，仍用行程开关和撞块表示。SQ1～SQ4 是用来决定刨台的运行情况的，SQ5、SQ6 则是极限开关，用于对刨台极限位置的保护。

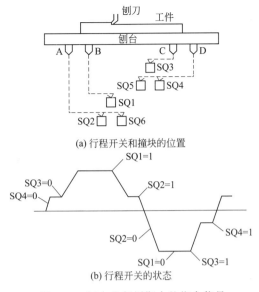

(a) 行程开关和撞块的位置

(b) 行程开关的状态

图 7-41 刨台往复周期中的指令信号

各接近开关在不同时序中的状态如图 7-41 (b) 所示。图中 "1" 表示接近开关被 "撞"; "0" 表示接近开关复位。

为满足龙门刨床的加工要求，要求刨台具有调整时的正反向点动控制和正常工作时的自动往返控制，并能进行低速的磨削工作。控制电路除包括刨台的往复运动外，还必须考虑刨台运动与横梁、刀架之间的配合等。为简化控制电路，减小维护工作量，可采用 PLC 作为控制元件与变频器结合实现刨床的自动化控制。下面主要介绍刨台往复运动的控制电路。

② 刨台往复运动的控制电路　刨台的往复周期控制电路如图 7-42 所示。图中，按钮开关 SB1 用于循环开始；SB2 用于紧急停机；SB3、SB4 分别为正、反向点动按钮。

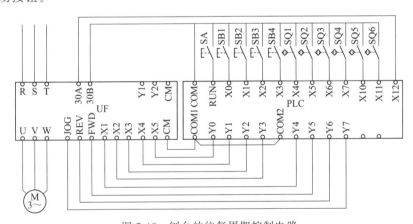

图 7-42 刨台的往复周期控制电路

在 PLC 的输入控制信号中，SQ1、SQ2、SQ3、SQ4 分别为各个切换点的接近开关，SQ5、SQ6 则是用于对刨台极限位置进行保护的接近开关。

在 PLC 的输出信号中，Y4、Y3、Y2 分别控制变频器的多挡转速控制端 X1、X2、X3；PLC 的 Y1、Y0 分别控制变频器的多挡加减速控制端 X4、X5；PLC 的 Y5、Y6、Y7 分别控制变频器的正转、反转和点动。

7.4.4　变频器在传输机械中的应用

(1) 变频器在带式输送机上的应用

带式输送机是一种摩擦驱动以连续方式运输物料的机械。主要由机架、输送带、托辊、滚筒、张紧装置、传动装置等组成。它可以将物料在一定的输送线上，从最初的供料点到最终的卸料点间形成一种物料的输送流程。它既可以进行碎散物料的输送，也可以进行成件物品的输送。除进行纯粹的物料输送外，还可以与各工业企业生产流程中的工艺过程的要求相配合，形成有节奏的流水作业运输线。

带式输送机（又称皮带输送机或胶带输送机）的外形如图 7-43 所示，其主要由两个端点滚筒及紧套其上的闭合输送带组成 。带动输送带转动的滚筒称为驱动滚筒（传动滚筒）；另一个仅在于改变输送带运动方向的滚筒称为改向滚筒。驱动滚筒由电动机通过减速器驱动，输送带依靠驱动滚筒与输送带之间的摩擦力拖动。驱动滚筒一般都装在卸料端，以增大牵引力，有利于拖动。物料由喂料端喂入，落在转动的输送带上，依靠输送带摩擦带动，运送到卸料端卸出。

图 7-43　带式输送机的外形图

带式输送机或胶带输送机，是组成有节奏的流水作业线所不可缺少的经济型物流输送设备。可以用于水平运输或倾斜运输，使用非常方便，广泛应用于现代化的各种工业企业中，如矿山的井下巷道、矿井地面运输系统、露天采矿场及选矿厂中。根据输送工艺要求，可以单台输送，也可多台组成或与其他输送设备组成水平或倾斜的输送系统，以满足不同布置形式的作业线需要。

带式输送机的拖动技术形式多样，有直接启动、软启动、交流变频拖动等多种形式。变频器用于带式输送机具有优越的软启动、软停止特性，同时为了平稳启动，还可匹配其具备的 S 形加减速时间，这样可将带式输送机启停时产生的冲击减少至最小，这是其他驱动设备难以达到的。变频器的控制原理如图 7-44 所示。

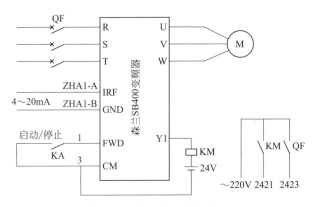

图 7-44　变频器的控制原理

该控制系统选用森兰 SB40 系列变频器，采用外控 FWD、CM 端子进行启停控制，利用 4～20mA 电流信号控制变频器的输出频率。继电器输出端子 Y1 作为变频器运行信号输出端子。变频器设定参数见表 7-3。

表 7-3　变频器设定参数见表

序号	参数代号	参数名称	设定值	备注
1	F01	频率给定方式	3	由外控端子 IRF 设定
2	F02	运转指令来源	1	外控 FWD、REV 控制
3	F16	电动机过载保护	2	动作
4	F17	过载保护值	80	
5	F21	上限频率	60	
6	F22	下限频率	10	
7	F28	偏置频率	−0.5	
8	F70	Y1 输出功能	0	运行中

(2) 变频器在间歇传输带的应用

流水线是指劳动对象按照一定的工艺路线顺序的通过各个工作地，并按照统一的生产速度（节拍）完成工艺作业的连续的重复的生产过程。间歇传输带常用于流水生产线。

带式间歇输送机（间歇传输带）指传输机在工作时，运行和停止不断的交替。通常，运行的时间和停止的时间都是一定的。

间歇传输带如图7-45（a）所示，传输带上等距离地挂着被加工的部件，在每个部件的上方，都有一个"挡块B"。每移动一个"工位"，挡块B与接近开关（或行程开关）SQ相遇后，传输带便停止移动，并滞留120s，以便加工。滞留时间结束，又开始移动，如此循环。

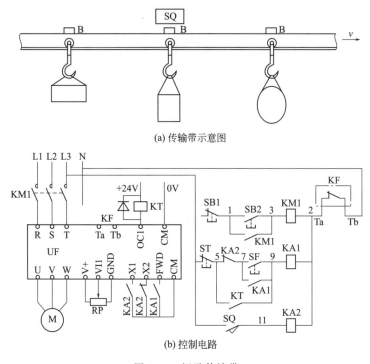

(a) 传输带示意图

(b) 控制电路

图7-45　间歇传输带

间歇传输带变频器控制电路如图7-45（b）所示。其中变频器的输入端X1端预置为计时开始，X2端预置为计时器复位；变频器的输出端OC1预置为内部计时器"时间到"的信号端，用于控制继电器KT的工作；电位器RP用于调节传输带的传输速度。KM1为交流接触器，用于接通变频器UF的电源；继电器KA1用于控制电动机的运行；继电器KA2用于控制变频器内部计时器的开始与复位，内部计时器的计时时间即为传输带的滞留时间（120s）。

控制电路的工作过程如下：

① 频器的通电　由控制按钮SB1、SB2通过接触器KM1进行控制。按下按钮SB2，接触器KM1线圈得电吸合并自锁，KM1的主触点闭合，接通变频器的

电源。按下按钮 SB1，接触器 KM1 线圈失电释放，KM1 的主触点断开，切断变频器的电源。

② 变频器的间歇运行　由控制按钮 SF 通过继电器 KA1 控制变频器的 FWD-CM 的接通，进而控制电动机的启动，传输带移动。按下按钮 SF，继电器 KA1 线圈得电吸合并自锁（通过动合触点 KA1 "7-9"），其另一组动合触点 KA1 闭合，使变频器的 FWD-CM 的接通，从而使电动机启动，传输带移动。

当第一工位的挡块 B 与接近开关 SQ 相遇时，行程开关 SQ 的动合触点闭合，继电器 KA2 线圈得电吸合，其动断触点 KA2 "5-7" 断开，使继电器 KA1 线圈断电释放，KA1 的动合触点断开，从而使变频器的 FWD-CM 断开，电动机停止；与此同时，继电器 KA2 的动合触点闭合，将变频器的 X1-CM 之间接通，变频器内部计时器开始计时，此时，继电器 KA2 的另一组动断触点断开，使变频器的 X2-CM 断开，内部计时器不复位。

当滞留时间到了以后，OC1-CM 接通，使继电器 KT 线圈得电吸合，其动合触点 KT "5-9" 闭合，使继电器 KA1 线圈得电吸合并自锁，KA1 的动合触点闭合，将变频器的 FWD-CM 的接通，电动机启动，传输带移动。当传输带开始移动后，挡块 B 离开 SQ，SQ 的动合触点断开，继电器 KA2 线圈断电释放，其动合触点 KA2 断开，将变频器的 X1-CM 断开，内部计时器停止计时，与此同时，KA2 的动断触点闭合，将变频器的 X2-CM 接通，计时器复位。

当下一工位的挡块 B 与接近开关 SQ 相遇时，重复上述过程。

③ 变频器的调速　通过电位器 RP 进行无级调速。

④ 电动机的停车　ST 为电动机停车操作控制按钮。

7.4.5　变频器在离心脱水机中的应用

(1) 离心脱水机概述

离心脱水机主要用于各种纺（针）织品、服装、印染、食品、化工原料、乳胶制品等洗涤后脱水甩干，它广泛适用于纺织、印染、服装、宾馆、酒店、医院、化工、食品及乳胶制品等企事业单位。

常用离心脱水机的外形如图 7-46 所示，其结构如图 7-47 所示。工业离心脱水机均为三足式悬摆式结构，可避免因转鼓内载重不平衡而在运转时产生地脚振动。其传动部分采用三角胶带传动，由电动机直接带动离心式起步轮，可使机器缓步启动,逐步达到设计转速,以保证机器运转平稳。机器内有制动开合臂,制动性能好,能使机器迅速停转。

图 7-46   离心脱水机的外形

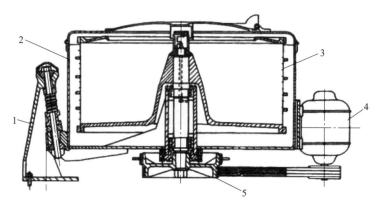

图 7-47   离心脱水机的结构
1—支脚;2—外壳;3—转鼓;4—电动机;5—皮带轮

脱水机以离心运动为其工作原理,即由电动机带动内胆做高速转动,被脱衣物中的水分在高速旋转下做离心运动,水从内胆壳的四周眼中飞溅出内胆,达到脱水的目的。

(2) 离心脱水机变频控制系统

离心脱水机属于大惯性、近似的恒转矩负载,必须在选用交流变频器的基础上,配置制动单元和制动电阻才能满足系统的要求。该离心脱水机变频控制系统选用 EV200 系列变频器,其接线主回路和控制回路如图 7-48 所示。在变频器的外围线路中,主要有三个部分:

① 变频器的直流母线 P、N 端接制动单元 P、N 端,然后再由制动单元的 P、PB 端外接制动电阻 BR,Tk 为制动单元内部继电器,当制动单元出现故障

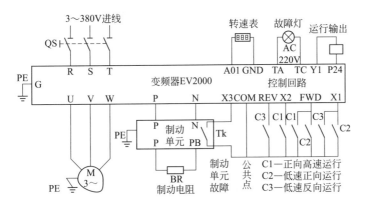

图 7-48 离心脱水机变频控制系统接线原理

时，Tk 动作，通过变频器的端子 X3 定义，瞬间封锁 U、V、W 输出，并在变频器上产生故障信号。

② 在变频器的控制回路输入端子中，FWD、REV 为正、反转信号输入端子，X1、X2 定义为二段频率设定的多功能输入端子，其中 FWD、REV、X1、X2、COM 互相配合实现脱水机的三种工作方式（即 C1 正向高速运行，C2 正向低速运行，C3 反向低速运行）；X3 定义为外部故障常开输入的多功能输入端子，配合制动单元的内部继电器 Tk，实现制动保护。

③ 在变频器的控制回路输出端子中，TA 和 TC 为变频器的故障指示，外接故障指示灯；A01 和 GND 外接 0～10V 的直流数显仪（频率或转速指示）；Y1 和 P24 为开路集电极输出，在本系统定义为"运行"信号。

(3) 注意事项

① 制动单元的安装和接线必须注意：安装环境的温度、湿度、腐蚀情况、通风状况等必须符合说明书要求，与变频器连接时，尽量选用不同颜色的导线，防止 P/N 接反，否则将烧毁制动单元并损坏变频器。P、N 配线需选用 600V 耐压等级电导线，配线长度应尽量短，如长度超过 5m，需采用双绞线。

② 由于负载惯性的影响，必须将电动机转速的加减速时间设定为合理的数值。如果时间过短，就会出现变频器过流、过压等故障。如果时间过长，设备的运行效率就会大大降低。

8

变频器的维护与保养

8.1 变频器的检查

由于电力电子技术和微电子技术的快速发展，变频器改型换代速度也比较快，不断推出新型产品，性能不断提高，功能不断充实、增强。现在国内市场销售的变频器虽然种类繁多，但功能及使用上却基本类似。总的来讲，其使用、维护保养及故障处理方法是基本相同的。在实际应用中，变频器受周围的温度、湿度、振动、粉尘、腐蚀性气体等环境条件的影响，其性能会有一些变化。如使用合理、维护得当，则能延长使用寿命，并减少因突然故障造成的生产损失。如果使用不当，维护保养工作跟不上去，就会出现运行故障，导致变频器不能正常工作，甚至造成变频器过早的损坏，而影响生产设备的正常运行。因此日常维护与定期检查是必不可少的。

变频器日常检查和定期检查主要目的是尽早发现异常现象，清除尘埃、紧固检查、排除事故隐患等。在通用变频器运行过程中，可以从设备外部目视检查运行状况有无异常，通过键盘面板转换键查阅变频器的运行参数，如输出电压、输出电流、输出转矩、电动机转速等，掌握变频器日常运行值的范围，以便及时发现变频器及电动机问题。

8.1.1 变频器的日常检查

对于连续运行的变频器，可以从外部目视检查运行状态。定期对变频器进行巡视检查，检查变频器运行时是否有异常现象。通常应做如下检查。

(1) 运行数据记录、故障记录

每天要记录变频器及电动机的运行数据，包括变频器输出频率、输出电流、输出电压、变频器内部直流电压、散热器温度等参数，与合理数据对照比较，以利于早日发现故障隐患。变频器如发生故障跳闸，务必记录故障代码，和跳闸时变频器的运行工况，以便具体分析故障原因。

(2) 变频器的日常检查

变频器的日常检查一般每两周进行一次。日常检查包括不停止变频器运行或不拆卸其盖板进行通电和启动试验，通过目测变频器的运行状况，确认有无异常情况。检查记录运行中的变频器输出三相电压，并注意比较它们之间的平衡度；检查记录变频器的三相输出电流，并注意比较它们之间的平衡度；检查记录环境温度、散热器温度；察看变频器有无异常振动、声响、风扇是否运转正常。

对于连续运行的变频器，可以从外部目视检查运行状态。定期对变频器进行巡视检查，检查变频器运行时是否有异常现象。通常应做如下检查：

① 环境温度是否正常，要求在 $-10 \sim +40℃$ 范围内，以 25℃ 左右为好。

② 变频器在显示面板上显示的输出电流、电压、频率等各种数据是否正常。

③ 键盘面板显示是否正常，有无缺少字符。仪表指示是否正确、是否有振动、振荡等现象。

④ 冷却风扇部分是否运转正常，是否有异常声音等，散热风道是否通畅。

⑤ 用测温仪器检测变频器是否过热，是否有异味。

⑥ 变频器及引出电缆是否有过热、变色、变形、异味、噪声、振动等异常情况。

⑦ 变频器周围环境是否符合标准规范，温度与湿度是否正常。

⑧ 变频器的散热器温度是否正常。

⑨ 变频器控制系统是否有集聚尘埃的情况。

⑩ 变频器控制系统的各连接线及外围电气元件是否有松动等异常现象。

⑪ 检查变频器的进线电源是否异常，电源开关是否有电火花、缺相、引线压接螺栓松动等，电压是否正常。

⑫ 检查变频器交流输入电压是否超过最大值。极限是 418V（380V×1.1），如果主电路外加输入电压超过极限，即使变频器没运行，也会对变频器线路板造

成损坏。

⑬ 检查电动机是否有过热、异味、噪声、振动等异常情况。

(3) 变频器外部环境的检查

对于变频器外部环境，则需做以下的一些检查：

① 认真监视并记录变频器人机界面上的各显示参数，发现异常应及时反映。

② 认真监视并记录变频室的环境温度，环境温度应在-5～40℃之间。

③ 检查周围空气中是否含有过量的尘埃，酸、盐、腐蚀性及爆炸性气体。

④ 夏季是多雨季节，应注意检查是否有雨水进入变频器内部（例如雨水顺风道出风口进入）。

⑤ 检查变频器柜门上的过滤网是否被灰尘堵塞，通常每周应清扫一次过滤网，如工作环境灰尘较多，清扫间隔还应根据实际情况缩短。

⑥ 检查变频室是否保持干净整洁，应根据现场实际情况随时清扫。

⑦ 检查变频室的通风散热设备（空调、通风扇等）是否能够正常运转。

⑧ 检查在变频器正常运行中，其控制柜通风效果是否良好，一张标准厚度的 A4 纸应能牢固地吸附在柜门进风口过滤网上。

⑨ 检查变频室的照明是否良好。

8.1.2 变频器的定期检查

定期检查时要切断电源，停止变频器运行并卸下变频器的外盖。主要检查不停止运转而无法检查的地方或日常难以发现问题的地方，以及电气特性的检查、调整等，都属于定期检查的范围。检查周期根据系统的重要性、使用环境及设备的统一检修计划等综合情况来决定，通常为 6～12 个月。

开始检查时应注意，变频器断电后，主电路滤波电容器上仍有较高的充电电压，放电需要一定时间，一般为 5～10min，必须等待"充电"指示灯熄灭，并用电压表测试确认充电电压低于 DC25V 以下后才能开始作业。主要的检查项目如下。

① 检查周围环境是否符合规范，检查周围的温度是否在-5～40℃之间，安装环境是否通风良好；检查湿度是否维持在 90% 以下（不可有结水滴的现象）

② 检查显示面板是否清楚，有无缺少字符。

③ 用万用表测量主电路、控制电路电压是否正常。

④ 检查框架结构有无松动，导体、导线有无破损。

⑤ 变频器由于振动、温度变化等影响，螺栓等紧固部件往往松动，应将所有螺丝钉、螺栓以及插接件等全部紧固一遍。

⑥ 检查滤波电容器有无漏液，电容量是否降低。高性能的变频器带有自动指示滤波电容容量的功能，由面板可显示出电容量，并且给出出厂时该电容的容量初始值，并显示容量降低率，推算出电容器的寿命。普及型通用变频器则需要用电容量测试仪测量电容量，测出的电容量应大于初始电容量的 85%，否则应予以更换。

⑦ 检查电阻、电抗、继电器、接触器是否完好，有无断线。检查继电器、接触器的触点是否有打火痕迹，严重的要更换同型号或大于原容量的新品接触器。

⑧ 检查通风道有无异常。检查冷却风扇运行是否完好，如有问题则应进行更换。冷却风扇的寿命受限于轴承，根据变频器运行情况需要 2～3 年更换一次风扇或轴承。检查时如发现异常声音、异常振动，同样需要更换。

⑨ 检查印制电路板的连接有无松动、电容器有无漏液、板上线条有无锈蚀、断裂等。

⑩ 检查输入输出电抗器、变压器等是否过热，变色烧焦或有异味。

⑪ 检查导体及绝缘体是否有腐蚀现象，如有要及时用酒精擦拭干净。

⑫ 测量开关电源输出各电路电压的平稳性，如：5V、12V、15V、24V 等电压。

⑬ 确认控制电压的正确性，进行顺序保护动作试验；确认保护显示回路无异常；确认变频器在单独运行时输出电压的平衡度。

⑭ 检查变频器绝缘电阻时，注意不能用兆欧表（绝缘电阻表）对线路板进行测量，否则会损坏线路板的电子元器件。

⑮ 将变频器的 R、S、T 端子和电源端电缆断开，U、V、W 端子和电动机端电缆断开，用兆欧表测量电缆每根导线之间以及每根导线与保护接地之间的绝缘电阻是否符合要求。

⑯ 变频器在检修完毕投入运行前，应带电动机空载试运行几分钟，并校对电动机的旋转方向。

8.2 变频器的定期维护与保养

8.2.1 低压小型变频器的维护与保养

低压小型变频器是指工作在低压电网380V（220V）上的小功率变频器。这类变频器多以垂直壁挂形式安装在控制柜中，其定期维护和保养主要包括以下几个方面。

(1) 定期清扫除尘

变频器工作时，由于风扇吹风散热及工作时元器件的静电吸附作用，很容易在变频器内部及通风口积尘，特别是工作现场多粉尘及絮状物的情况下，积尘会更加严重。积尘可造成变频器散热不良，使内部温度增加，降低变频器的使用寿命或引起过热跳闸。视积尘情况，可定期进行除尘工作。

对变频器进行除尘，重点是整流柜、逆变柜和控制柜，必要时可将整流模块、逆变模块和控制柜内的线路板拆出后进行除尘。变频器下进风口、上出风口因积尘过多而易被堵塞，因此也是除尘重点。变频器柜门上的过滤网通常每周应清扫一次。如工作环境灰尘较多，清扫间隔还应根据实际情况缩短。

除尘前应先切断电源，待变频器的储能电容充分放电后（5～10min），打开机盖。在打开机盖后不要急于除尘，要认真观察内部结构，必要时画出简图，做文字记录，以免在除尘时不小心将微动开关移位、插头松动等影响变频器除尘后的正常工作。

除尘时首先对变频器内部各部分进行清扫，最好用吸尘器吸取内部尘埃，也可以用毛刷或压缩空气，对积尘进行清理。操作要格外小心，不要碰触机芯的元器件及微型开关、接插件端子等，以免除尘后变频器不能正常工作。对于清扫不掉的东西，可以用绸布擦拭，清扫时应自上而下。清扫过程中，如果发现可疑故障点，应该做好标记，以便进一步确认。

夏季温度较高时，应加强变频器安装场地的通风散热。确保周围空气中不含有过量的尘埃，酸、盐、腐蚀性及爆炸性气体。

(2) 紧固检查

由于变频器运行过程中温度上升、振动等原因，常常引起主电路器件、控制电路各端子及引线松动，发生腐蚀、氧化、断线等，所以需要进行紧固检查。

进行紧固检查时，将变频器前门打开，后门拆开，仔细检查交直流母排有无变形、腐蚀、氧化，并仔细检查母排连接处螺栓有无松脱、各安装固定点处紧固螺栓有无松脱，还应检查固定用绝缘片或绝缘柱有无老化开裂或变形，同时还应注意框架结构件有无松动，导体、导线有无破损等。如有应及时更换，重新紧固，对已发生变形的母排需校正后重新安装。

(3) 电容器检查

检查滤波电容器有无漏液，外壳有无膨胀、鼓泡或变形，安全阀是否破裂，有条件的可对电容容量、漏电流、耐压等进行测试，对不符合要求的电容进行更换。滤波电容的使用周期一般为 5 年，对使用时间在 5 年以上，电容容量、漏电流、耐压等指标明显偏离检测标准的，应酌情部分或全部更换。

(4) 检测整流、逆变部分

对整流、逆变部分的二极管、GTO 用万用表进行电气检测，测定其正向、反向电阻值，并在事先制定好的表格内认真做好记录，看各极间阻值是否正常，同一型号的器件一致性是否良好，必要时进行更换。

(5) 定期检查电路的主要参数

变频器的一些主要参数是否在规定的范围内，是变频器安全运行的标志。如主电路和控制电路电压是否正常，滤波电容是否漏液及容量是否下降等。此外，变频器的主要参数大多通过面板显示，因此面板显示清楚与否，有无缺少字符也应为检查的内容。

(6) 防腐处理

对线路板、母排等除尘后，进行必要的防腐处理，涂刷绝缘漆，对已出现局部放电、拉弧的母排需去除其毛刺后，再进行处理。对已绝缘击穿的绝缘板，需去除其损坏部分，在其损坏附近用相应绝缘等级的绝缘板对其进行隔绝处理，紧固并测试绝缘并认为合格后方可投入使用。

(7) 检查变频器的外围电路和设施

① 对进线柜内的主接触器及其他辅助接触器进行检查，仔细观察各接触器动、静触点有无拉弧、毛刺或表面氧化、凹凸不平，发现此类问题应对其相应的动、静触点进行更换，确保其接触安全可靠。

② 检查整流柜、逆变柜内风扇运行及转动是否正常，停机时，用手转动，观察轴承有无卡死或杂音，必要时更换轴承或维修。

③ 检查电抗器有无异常鸣叫、振动或煳味。

④ 仔细检查端子排有无老化、松脱，是否存在短路隐性故障，各连接线连接是否牢固，线皮有无破损，各电路板接插头接插是否牢固。进出主电源线连接是否可靠，连接处有无发热氧化等现象，接地是否良好。

8.2.2 高压柜式变频器的维护与保养

高压变频器指工作电压在 6kV 以上的变频器。此类变频器一般均为柜式。高压变频器一般的安装环境要求：最低环境温度−5℃，最高环境温度40℃。大量研究表明，高压变频器的故障率随温度升高而成指数的上升，使用寿命随温度升高而成指数的下降，环境温度升高 10℃，高压变频器使用寿命将减半。此外，高压变频器运行情况是否良好，与环境清洁程度也有很大关系。夏季是高压变频器故障的多发期，只有通过良好的维护保养工作，才能够减少设备故障的产生，请用户务必注意。

高压变频器定期维护与保养除了参照以上低压变频器的维护与保养条款之外，还有以下内容：

① 打开变频器的前门和后门板，仔细检查交直流母线排有无变形、腐蚀、氧化；母线排连接处螺栓有无松动；各安装固定点处紧固螺栓有无松动；固定用绝缘片和绝缘柱有无老化、开裂或变形。如以上检查发现问题，应及时处理。

② 对整流、逆变部分的二极管、GTO（IGBT）等大功率器件进行电气检测。用万用表测定其正向、反向电阻，并在事先制定好的表格上做好记录；查看同一型号的器件一致性是否良好，与初始记录是否相同，如个别器件偏离较大，应及时更换。

③ 仔细检查各端子排有无老化松脱；是否存在短路的隐患故障；各连接线是否牢固，线皮有无破损；各电路板接线插头是否牢固；进出主电源线连接是否可靠，连接处有无发热、氧化等现象。保证各个电气回路的正确可靠连接，防止不必要的停机事故发生。

④ 变频器长时间停机后恢复运行，应测量变频器（包括移相变压器、旁通柜主回路）绝缘，应当使用 2500V 兆欧表。测试绝缘合格后，才能启动变频器。

⑤ 每次维护变频器后，要认真检查有无遗漏的螺栓及导线等，防止小金属

物品造成变频器短路事故。特别是对电气回路进行较大改动后，确保电气连接线的连接正确、可靠。

⑥ 在夏季高压变频器维护时，应注意变频器安装环境的温度，定期清扫变频器内部灰尘，确保冷却风路的通畅。

⑦ 检查变频器柜内所有接地是否可靠，接地点有无生锈。

另外，如有条件可对滤波后的直流波形、逆变输出波形及输入电源谐波成分进行测定。

8.2.3 变频器维护与保养时的注意事项

(1) 变频器维护时的注意事项

① 维护检查时，务必先切断输入变频器（R、S、T）的电源。

② 因为变频器内部大电容的作用，在切断了变频器的电源之后，与充电电容有关的部分将仍有残存电压，因此在断开电源约 10min 左右，待电容放电完毕，"充电"指示灯熄灭后，或用万用表确认电容器放电完毕后，再进行维护操作，以确保操作者的安全。

③ 在出厂前，生产厂家都已对变频器进行了初始设定，一般不能任意改变这些设定。在改变了初始设定后，又希望恢复初始设定值时，一般需进行初始化操作。

④ 维修前最好记录保留变频器内部的关键参数。

⑤ 在新型变频器的控制电路中使用了许多 CMOS 芯片。用手指直接触摸电路板时将可能使这些芯片因静电作用而遭到破坏，因此应充分加以注意。

⑥ 必须是专业人员才能更换零件，严禁将线头或金属物遗留在变频器内部，否则会导致设备损坏。

⑦ 更换主板后，必须在上电运行前进行参数的修改，否则可能会导致相关设备的损坏。

⑧ 在通电状态下不得进行接线或拔插连接插头等操作。

⑨ 变频器出厂前已经通过耐压试验，用户不必再进行耐压测试，否则会损坏器件。

⑩ 在检查过程中，绝对不可以将内部电源及线材，排线拔起及误配，否则会造成变频器不工作或损坏。

⑪ 不能将变频器的输出端子（U、V、W）接在交流电网电源上。

⑫ 在变频器工作过程中不能对电路信号进行检查。这是由于在连接测试仪

表时所出现的噪声以及误操作,有可能带来变频器故障。

⑬ 当变频器发生故障而无故障显示时,注意不能轻易通电,以免引起更大的故障。当出现这种状况时,应断电做电阻特性参数测试,初步查找故障原因。

⑭ 维修以后,保持变频器的干净,避免尘埃、油雾、湿气侵入。

(2) 变频器保养时的注意事项

① 每台变频器每季度要清灰保养 1 次。

② 保养时,要清除变频器内部和风路内的积灰、脏物,将变频器表面擦拭干净,变频器的表面要保持清洁光亮。

③ 在保养的同时要仔细检查变频器,察看变频器内有无发热变色部位;观察电解电容器有无膨胀、漏液等现象。

④ 保养结束后,要恢复变频器的参数和接线,送电,带电动机工作在 3Hz 的低频约 1min,以确保变频器工作正常。

8.2.4 通用变频器维护保养项目和定期检查标准

通用变频器在长期运行中,由于温度、湿度、灰尘、振动等使用环境的影响,内部零部件会发生变化或老化。为了确保变频器的正常运行,必须进行维护保养。通用变频器维护保养项目与定期检查的周期标准见表 8-1,仅供参考。

表 8-1　通用变频器维护保养项目与定期检查的周期标准

检查部位	检查项目	检查事项	检查周期		检查方法	使用仪器	判定基准
			日常	定期一年			
整机	周围环境	确认周围温度、相对湿度、有毒气体、油雾等	√		注意检查现场情况是否与变频器防护等级相匹配。是否有灰尘、水汽、有害气体影响变频器。通风或换气装置是否完好	温度计、湿度计、红外线温度测量仪	温度在 −10~+40℃ 内、相对湿度在 90% 以下,不凝露。如有积尘应用压缩空气清扫并考虑改善安装环境
	整机装置	是否有异常振动、温度、声音等	√		观察法和听觉法,振动测量仪	振动测量仪	无异常
	电源电压	主回路电压、控制电源电压是否正常	√		测定变频器电源输入端子排上的相间电压和不平衡度	万用表、数字式多用仪表	根据变频器的不同电压级别,测量线电压,不平衡度≤3%

检查部位	检查项目	检查事项	检查周期 日常	检查周期 定期一年	检查方法	使用仪器	判定基准
主回路	整体	检查接线端子与接地端子间电阻		√	拆下变频器接线,将端子 R、S、T、U、V、W 一起短路,用绝缘电阻表测量它们与接地端子间的绝缘电阻	500V 绝缘电阻表	接地端子之间的绝缘电阻应大于 5MΩ
		各个接线端子有无松动		√	加强紧固件		没有异常
		各个零件有无过热的迹象		√	观察连接导体、导线		没有异常
		清扫	√		清扫各个部位		无油污
	连接导体、电线	导体有无移位		√	观察法		没有异常
		电线表皮有无破损、劣化、裂缝、变色等		√			
	变压器、电抗器	有无异味、异常声音	√	√	观察法和听觉法		没有异常
	端子排	有无脱落、损伤和锈蚀		√	观察法		没有异常。如果锈蚀则应清洁,并减少湿度
	IGBT模块整流模块	检查各端子间电阻、测漏电流		√	拆下变频器接线,在端子 R、S、T 与 PN 间,U、V、W 与 PN 间用万用表测量	指针式万用表、整流型电压表	
	滤波电容器	①有无漏液	√		①、②观察法 ③用电容表测量	电容表、LCR 测量仪	①、②没有异常 ③电容量为额定容量的 85% 以上,与接地端子的绝缘电阻不少于 5MΩ。有异常时及时更换新件,一般寿命为 5 年
		②安全阀是否突出、表面是否有膨胀现象	√				
		③测定电容量和绝缘电阻		√			
	继电器、接触器	①动作时是否有异常声音	√		观察法、用万用表测量	指针式万用表	没有异常。有异常时及时更换新件
		②触点是否有氧化、粗糙、接触不良等现象		√			
	电阻器	①电阻的绝缘是否损坏		√	①观察法 ②对可疑点的电阻拆下一侧连接,用万用表测量	万用表、数字式多用仪表	①没有异常 ②误差在标称阻值的 ±10% 以内。有异常应及时更换
		②有无断线	√	√			

检查部位	检查项目	检查事项	检查周期 日常	检查周期 定期 一年	检查方法	使用仪器	判定基准
控制回路、电源、驱动与保护回路	动作检查	①变频器单独运行		√	①测量变频器输出端子 U、V、W 相间电压、各相输出电压是否平衡 ②模拟故障, 观察或测量变频器保护回路输出状态	数字式多用仪表、整流型电压表	①相间电压平衡 200V 级在 4V 以内, 400V 级在 8V 以内。各相之间的差值应在 2% 以内 ②显示正确、动作正确
		②顺序做回路保护动作试验、显示, 判断保护回路是否异常		√			
	零件	全体 有无异味、变色		√	观察法		没有异常。如电容器顶部有凸起、体部中间有膨胀现象, 则应更换
		全体 有无明显锈蚀		√			
		铝电解电容器 有无漏液、变形现象		√			
冷却系统	冷却风扇	①有无异常振动、异常声音 ②接线有无松动 ③清扫	√	√	①在不通电时用手拨动, 旋转 ②加强固定 ③必要时拆下清扫		没有异常。有异常时及时更换新件, 一般使用 2~3 年应考虑更换
显示	显示	①显示是否缺损或变淡	√		①检查 LED 的显示是否有断点 ②用棉纱清扫		确认其能发光。显示异常或变暗时更换新板
		②清扫		√			
	外接仪表	指示值是否正常	√		确认盘面仪表的指示值满足规定值	电压表、电流表等	指示正常
电动机	全部	①是否有异常振动、温度和声音 ②是否有异味 ③清扫	√	√	①听觉、触觉、观察 ②由于过热等产生的异味 ③清扫		①、②没有异常 ③无污垢、油污
	绝缘电阻	全部端子与接地端子之间、外壳对地之间	√		拆下 U、V、W 的连接线	500V 绝缘电阻表	应在 5MΩ 以上

8.3 变频器调速系统的测试

8.3.1 变频器主电路的测量

由于通用变频器输入/输出侧的电压和电流中含有不同程度的谐波含量，不同类别的测量仪表会测量出不同的结果，并有很大差别，甚至是错误的。因此，在选择测量仪表时应区分不同的测量项目和测试点，选择不同类型的测量仪表。推荐采用的仪表类型见表 8-2。测量时仪表接线如图 8-1 所示。

表 8-2 主电路测量时推荐使用的仪表

测定项目	测定位置（见图 8-1）	测定仪表	测定值的基准
电源侧电压 U_1 和电流 I_1	R-S、S-T、T-R 间和 R、S、T 中的线电流	电磁系仪表	通用变频器的额定输入电压和电流值
电源侧功率 P_1	R、S、T 和 R-S、S-T	电动系仪表	$P_1 = P_{11} + P_{12}$（2 功率表法）
电源侧功率因数	测定电源电压、电源侧电流和功率后，按有功功率计算式计算，即 $\cos\varphi_1 = P_1/(\sqrt{3}U_1 I_1)$		
输出侧电压 U_2	U-V、V-W、W-U 间	整流系仪表	各相间的差应在最高输出电压的 1% 以下
输出侧电流 I_2	U、V、W 的线电流	电动系仪表	各相的差应在变频器额定电流的 10% 以下
输出侧功率 P_2	U、V、W 和 U-V、V-W	电动系仪表	$P_2 = P_{21} + P_{22}$，2 功率表法（或 3 功率表法）
输出侧功率因数	计算公式与电源侧的功率因数一样：$\cos\varphi_2 = P_2/(\sqrt{3}U_2 I_2)$		
整流器输出	P（+）和 N（-）间	动圈式仪表（万用表等）	$1.35U_1$，再生时最大 850V（380V 级），仪表机身 LED 显示发光

此外，由于输入电流中包括谐波，测量功率因数不能用功率因数表进行测量，而应当采用实测的电压、电流值通过计算得到。

(1) 输入侧的测量

变频器输入电源是频率为 50Hz 交流电，其测量基本与标准的交流工业电源的测量相同，但是，由于变频器的逆变侧得到的 PWM 波形影响到一次侧的波形，因此应该注意以下几点。

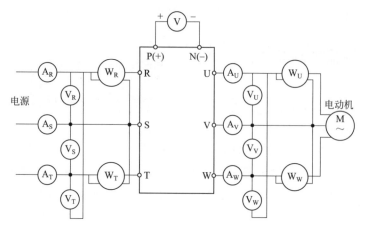

图 8-1　电表接线图

① 输入电流的测量　使用电磁系电流表测量电流的有效值。当输入电流不平衡时，分别测量三相电流，则三相平均电流 I_{av} 用下式计算：

$$I_{av} = \frac{I_R + I_S + I_T}{3}$$

② 输入功率的测量　使用电动系功率表测量输入功率，通常可以采用图 8-1所示的两个功率表测量。如果三相电流不平衡率超过 5％时，应使用三个功率表测量。电流不平衡率可用下式求出：

$$电流不平衡率 = \frac{最大电流 - 最小电流}{三相平均电流}$$

(2) 输出侧的测量

由于变频器的输出频率是变化的。因此，有一些特点需要注意。

① 输出电压的测量　由于变频器的输出为 PWM 波形，含有谐波，而电动机转矩主要取决于基波电压有效值。在常用电工仪表中，整流系电压表是最合适的选择，使用整流系电压表的测量结果最接近谐波分析仪测量的基波电压值。

② 输出电流的测量　输出电流需要测量包括基波和其他次谐波在内的总有效值。因此常用的仪表是电动系电流表。当考虑采用电流互感器进行测量时，由于在低频情况下电流互感器可能饱和，所以必须选择适当容量的电流互感器。

③ 输出功率的测量　使用电动系功率表测量输出功率，通常可以采用图 8-1所示的两个功率表测量。如果三相电流不平衡率超过 5％时，应使用三个功率表测量。

④ 变频器的效率　变频器的效率需要测出输入功率和输出功率。然后根据下式求出：

$$变频器的效率 = \frac{输出有功功率}{输入有功功率} \times 100\%$$

8.3.2　变频器绝缘电阻的测试

由于变频器出厂时已进行过绝缘试验，一般尽可能不要再进行绝缘测试。如一定需要做绝缘测试，则必须严格按照下述步骤进行，否则可能会损坏变频器（因为绝缘仪表内部都有一个高压电源，该电源在测量中可能损坏变频器内部电子器件）。测量电路如图8-2所示。

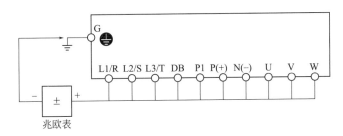

图8-2　主电路端子测试电路

(1) 主电路绝缘测试

① 选用DC500V绝缘电阻表，要在断开主电源条件下测试。

② 断开所有控制电路的连接，以防止试验电压窜入控制电路。

③ 主电路端子按图8-2所示方式用公共线连接。

④ 绝缘电阻表电压只施加于主电路公共连接线和大地（端子G）之间。

⑤ 绝缘电阻表指示值大于5MΩ为正常合格（变频器单元测定值）。

(2) 控制电路绝缘测试

不要对控制电路进行绝缘和耐压试验，否则将损坏电路元器件。测量控制电路绝缘电阻时，应该用万用表的高阻挡来测量，不要用兆欧表或其他有高电压的仪器进行测量。

① 断开所有控制电路端子对外的连接。

② 可在控制电路端子和接地端之间进行连续测试，测值大于或等于1MΩ为正常合格。

8.3.3 变频调速系统中电动机绝缘电阻的测试

对使用变频器拖动的电动机进行绝缘电阻测试时，首先要将电动机的动力电线从变频器的端子上拆除。因为用绝缘电阻表（俗称兆欧表或摇表）测量绝缘电阻时，绝缘电阻表虽然输出的是直流电，但其电压值会超过电动机的额定电压很多，只有这样才能检验出电动机绕组的对地和相间绝缘情况。

但是，使用变频器拖动的电动机，如果测量时不将电动机与变频器断开的话，绝缘电阻表发出的"高电压"就会通过绕组传入变频器内部，会导致变频器内部的一些元器件击穿，以致损坏，因为内部一些元器件虽然可以通过较大的电流但是其耐压程度会很有限。所以在测量使用变频器的电动机的绝缘电阻时，要把变频器与电动机的连接断开后再进行测量，这样可以确保不会损坏变频器。

(1) 方法步骤

用绝缘电阻表（又称兆欧表）测量电动机绝缘电阻的方法如图 8-3 所示，测量步骤如下：

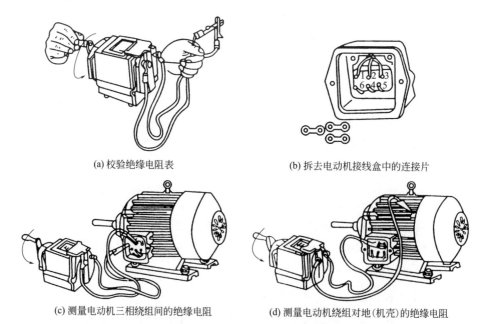

(a) 校验绝缘电阻表　　　　　　　(b) 拆去电动机接线盒中的连接片

(c) 测量电动机三相绕组间的绝缘电阻　　(d) 测量电动机绕组对地(机壳)的绝缘电阻

图 8-3　用绝缘电阻表测量电动机的绝缘电阻

① 校验绝缘电阻表。把绝缘电阻表放平，将绝缘电阻表测试端短路，并慢慢摇动绝缘电阻表的手柄，指针应指在"0"位置上；然后将测试端开路，再摇动手柄（约 120r/min 左右），指针应指在"∞"位置上。测量时，应将绝缘电阻表平置放稳，摇动手柄的速度应均匀。

② 将电动机接线盒内的连接片拆去。

③ 测量电动机三相绕组之间的绝缘电阻。将两个测试夹分别接到任意两相绕组的端点，以 120r/min 左右的匀速摇动绝缘电阻表 1min 后，读取绝缘电阻表指针稳定的指示值。

④ 用同样的方法，依次测量每相绕组与机壳的绝缘电阻。但应注意，绝缘电阻表上标有"E"或"接地"的接线柱应接到机壳上无绝缘的地方。

(2) 注意事项

① 新安装或长期停用的电动机启动前，应当用绝缘电阻表检查电动机绕组之间及绕组对地（机壳）的绝缘电阻。通常对额定电压为 380V 的电动机，采用 500V 兆欧表测量，其绝缘电阻值不得小于 $0.5M\Omega$，否则应进行烘干处理。

② 对电动机进行绝缘测试，是为了防止电动机绝缘不良而造成电动机对地或匝间短路而损坏；先用低压（低速摇动绝缘电阻表的手柄）进行测试，是因为若低压测试都不合格，那么用高压测试更不行。

8.4 变频器部件的拆卸、安装与更换

8.4.1 变频器部件的拆卸和安装

下面以艾默生 EV6000 系列为例，介绍变频器部件的拆卸和安装方法。

(1) 操作面板的拆卸和安装

① 操作面板的拆卸 将中指放在操作面板上方的手指插入孔，轻轻按住顶部弹片后往外拉，如图 8-4（a）所示。

② 操作面板的安装。将操作面板的底部固定钩口对接在操作面板安装槽下方的安装爪上，用中指按住顶部的弹片后往里推，到位后松开中指即可，如图 8-4（b）所示。

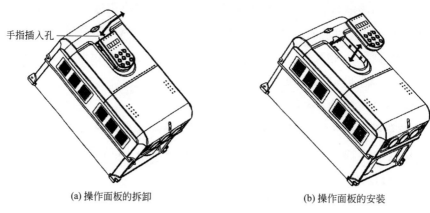

手指插入孔

(a) 操作面板的拆卸　　　　　　　　(b) 操作面板的安装

图 8-4　操作面板的拆卸和安装

（2）塑料盖板的拆卸和安装

EV6000 系列通用变频器由两块塑胶盖板拼装在一起，请对照机型，参照图 8-5，按下列步骤拆卸和安装。在进行盖板的拆卸和安装前，请取下操作面板。

① 塑胶盖板的拆卸　先取底部盖板，再取顶部盖板，具体操作步骤如下：

a. 卸下底部盖板下方处的螺钉，如图 8-5（a）所示；

b. 揭开底部盖板，如图 8-5（b）所示；

c. 取下底部盖板，如图 8-5（c）所示；

d. 卸下顶部盖板下方处的螺钉，如图 8-5（d）所示；

e. 揭开顶部盖板，如图 8-5（e）所示；

f. 取下顶部盖板，如图 8-5（f）所示。

② 塑胶盖板的安装　先安装顶部盖板，再安装底部盖板，具体操作步骤如下：

a. 将顶部盖板顶部的安装爪插入机箱顶部的安装孔；

b. 按压顶部盖板的下部，将其安装爪插入箱体，直至盖板安装到位；

c. 将顶部盖板下方的安装螺孔对齐后，上好螺栓；

d. 将底部盖板顶部的安装爪插入顶部盖板底部的安装孔；

e. 按压底部盖板的下部，将其安装爪插入箱体，直至盖板安装到位；

f. 将底部盖板下方的安装螺孔对齐后，上好螺栓。

8.4.2　变频器部件的更换

变频器由多种部件组成，其中一些部件经长期工作后其性能会逐渐降低、老

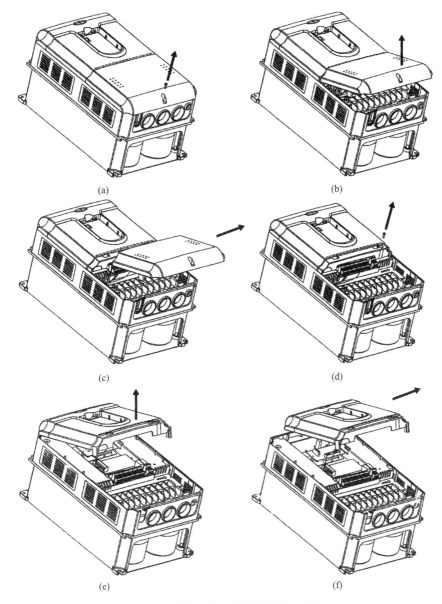

图 8-5　塑胶盖板的拆卸和安装示意图

化，这也是变频器发生故障的主要原因，为了保证设备长期的正常运转，下列器件应定期更换：

①更换冷却风扇　变频器的功率模块是发热最严重的器件，其连续工作所产生的热量必须要及时排出。一般冷却风扇的寿命受限于轴承，当变频器连续运行时，大约 2～3 年更换一次风扇或轴承。直流冷却风扇有二线和三线之分，二

线风扇其中一线为正极，另一线为负线，更换时不要接错；三线风扇除了正、负极外还有一根检测线，更换时千万注意，否则会引起变频器过热报警。交流冷却风扇一般有 220V、380V 之分，更换时电压等级不要搞错。

② 更换滤波电容器　中间直流回路使用的是大容量电解电容器（又称电解电容），其主要作用就是平滑直流电压，吸收直流中的低频谐波，电容器连续工作产生的热量加上变频器本身产生的热量都会加快其电解液的干涸，直接影响其容量的大小。由于受脉冲电流等因素的影响，电容器的性能会逐渐劣化。一般情况下，使用寿命大约为 5 年，检查周期最长为 1 年。建议每年定期检查一次电容器的容量，一般其容量减少 20% 以上应更换新的滤波电容器。

③ 定时器在使用数年后，动作时间会有很大变化，在检查动作时间之后应考虑是否进行更换；继电器和接触器经过长期使用会发生接触不良现象，应根据触点寿命进行更换。

④ 熔断器在正常使用条件下，寿命约为 10 年。

8.5　变频器安全使用的注意事项

(1) 安装环境温度、湿度适宜，无腐蚀性气体

由于变频器集成度高，整体结构紧凑，自身散热量大，因此对安装环境的温度和湿度要求高。所以要为变频器提供一个良好的工作环境，环境温度要求在 −10～+40℃ 范围内，以 25℃ 左右为好。工作温度，一定要控制在 40℃ 以下；环境温度太高且温度变化较大时，须在箱中增加干燥剂和加热器，否则，变频器内部易出现结露现象，其绝缘性能就会大大降低，甚至可能引发短路事故；若存在腐蚀性气体，会腐蚀元器件的引线、印刷电路板、加速塑料器件的老化，降低绝缘性能。因此，应把控制箱制成封闭式结构，并进行换气。

(2) 要有良好的接地线

接地线一般很少断，但是如果接地线一旦断了，变频器就很容易被烧坏。因为如果有一台电动机漏电，又恰好工厂的接地线断了，则强电就会经变频器的地线反串入变频器主板，使变频器主板接线端出现强电打火，烧坏主板。所以，变频器要有良好的接地线。

变频器正确接地是提高控制系统灵敏度、抑制噪声能力的重要手段，变频器

接地端子 E（G）接地电阻越小越好，接地导线截面积应不小于 $2mm^2$，长度应控制在 20m 以内。变频器的接地不能与动力设备接地共用。信号输入线的屏蔽层，应接至 E（G）上，其另一端绝不能接于地端，否则会引起信号变化波动，使系统振荡不止。变频器与控制柜之间应电气连通，如果实际安装有困难，可利用铜芯导线跨接。

(3) 防止变频器被干扰

变频器的干扰信号不仅会干扰周围的电子设备，也会干扰变频器本身。有些变频器本身具有防止干扰信号辐射及输入的功能，有些变频器则无抗干扰功能。如果控制系统在使用变频器的同时还有一些靠模拟信号、脉冲信号通信的电子设备，如电脑、人机界面、感应器等，选购变频器及布线时就要考虑采取防干扰措施。

(4) 变频器输入端的断路器上要加压敏电阻

有的企业供电的质量不高，当供电线路出现故障时，输出的高压电容易把变频器及有关电子仪器烧坏。为有效解决这一问题，可以在变频器或仪器输入端的断路器上加压敏电阻。当有高压电经过时，压敏电阻就会短路，断路器跳闸，从而保护了变频器，大大减少变频器的故障率。利用压敏电阻的这一功能，可以抑制电路中经常出现的异常过电压，保护电路免受过电压的损害。

(5) 尽量不要把变频器装在有振动的设备上

当变频器安装在有振动的设备上运行一段时间后，其主回路的连接螺栓和模块的紧固螺栓容易松动，变频器的模块也容易损坏，从而缩短变频器的使用寿命。如果必须将变频器装在有振动的设备周围，应该定期检查回路的连接螺栓和模块的紧固螺栓，防止因螺栓松动导致变频器损坏。

(6) 经常保养变频器模块

要定期对变频器模块进行检查，特别是散热风扇的维护。如果风扇坏了，并且保护温度值设置过高，变频器不会马上跳转过热保护，这时整个变频器的内部温度很高，易使驱动电路及电源电路老化，烧坏变频器模块。

需要注意的是，应尽量避免用压缩空气吹变频器内部的灰尘，因为压缩空气一般含有水蒸气，易造成电路板短路，损坏电源，所以给变频器吹尘最好用电吹风。

(7) 选用金属外壳屏蔽，避免电磁波干扰

变频器在工作中由于整流和变频，周围产生了很多的干扰电磁波，这些高频电磁波对附近的设备有一定的干扰。因此，必须采用抗干扰措施，以免变频器受干扰而影响其正常工作，或变频器产生的高次谐波干扰其他电子设备的正常工作。柜内仪表和电子系统，应该选用金属外壳，屏蔽变频器对仪表的干扰。所有的元器件均应可靠接地。除此之外，各电气元件、仪器及仪表之间的连线应选用屏蔽控制电缆，且屏蔽层应接地。如果处理不好电磁干扰，往往会使整个系统无法工作，导致控制单元失灵或损坏。

(8) 避免输入端电压过高

虽然变频器电源输入端有过电压保护，但是当主电路外加输入电压超过极限时，即使变频器没运行，也会对变频器线路板造成损坏。另外，当输入端高电压作用时间长时，也会使变频器输入端损坏。因此，在实际运用中，要核实变频器的输入电压、单相还是三相和变频器使用的额定电压。

(9) 注意防雷

在变频器中，一般都设有雷电吸收网络，主要防止瞬间的雷电侵入，使变频器损坏。但在实际工作中，特别是电源线架空引入的情况下，单靠变频器的吸收网络是不能满足要求的。在雷电发生频繁地区，防雷问题更应注意，如果电源是架空进线，在进线处装设变频专用避雷器，以防雷电窜入，破坏设备。

(10) 防静电

变频器中的电子元器件，对静电是非常敏感的，如被静电放电破坏后，将造成电子元器件软击穿，软击穿会导致线路板无法正常工作。所以在进行设备维护维修时，特别是在更换线路板时，应注意释放人体静电。

(11) 保持干燥、讲卫生

保持变频器周围环境清洁、干燥。严禁在变频器附近放置杂物，设专人定期对变频器进行清扫、吹灰，保持变频器内部的清洁及风道的畅通。发现变频器内部或散热板上落入灰尘、杂物，应立即用压缩空气吹掉。

清扫空气过滤器冷却风道及内部灰尘。发现导体及绝缘体有腐蚀现象时，要及时用乙醇擦拭干净。

8.6 变频器的抗干扰措施

8.6.1 外界对变频器的干扰及对策

外界对变频器的干扰主要反映在电源异常对变频器的干扰。由于电源异常包括多种类型,由此造成的变频器异常和故障也有多种类型。

(1) 外界对变频器产生干扰的原因

① 当某一电源上接有变频器或者直流电动机等用的晶闸管整流器时,晶闸管在进行换流时将引起电源波形的畸变,如图 8-6 所示。电源波形畸变不但污染了电网,而且有可能使变频器的续流二极管因出现较大的反向电压而受到损坏。

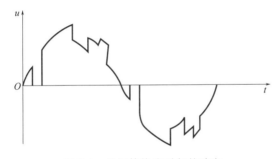

图 8-6 晶闸管换流引起的畸变

② 由电源波形畸变带来的控制电路误动作。

③ 因为遭受雷击或者电源变压器开闭时会产生浪涌电压,而过高的浪涌电压可能会使变频器整流部分的二极管因承受过高的反向电压而损坏。

④ 在高频冲击负载如电焊机、电镀电源、电解电源等场合,电压经常出现闪变。

⑤ 在一个车间中,有多台变频器在工作时,电网的谐波非常大,对于电网质量有很严重的污染,对设备本身也有相当的破坏作用,轻则不能够连续正常运行,重则造成设备输入回路的损坏。

⑥ 由于电源电压不足,缺相或停电而造成的控制电路误动作。

⑦ 由于变频器近旁有电磁干扰源,这些干扰源通过辐射或电源线侵入变频器内,可引起控制电路误操作,更严重的会使变频器损坏。

(2) 防止外界对变频器干扰的对策

① 当多台变频器或者整流器共用同一电源时，可以采取各个变频器或者整流器的输入端分别窜入交流电抗器的措施，从而达到减少电源电压波形畸变的目的。

② 在变频器的输入电路中接入交流电抗器，或浪涌吸收器，可以减轻浪涌电压的影响。大部分的变频器内部都已有了图 8-7（a）所示的浪涌吸收器。但是，对于设置在室外的传送设备来说，由于存在遭到雷击的可能，为了防止变频器出现中性点过电压的现象，必须将浪涌吸收器电路接成 Y 连接，并将中性点接地，如图 8-7（b）所示。

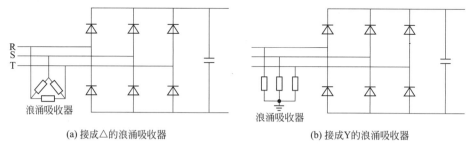

(a) 接成△的浪涌吸收器　　　　　　(b) 接成Y的浪涌吸收器

图 8-7　浪涌吸收器的接法

③ 对继电器、接触器触点开闭时产生的浪涌电压进行限制，一般采用 RC 电路和线圈并联的方式。

④ 在高频冲击负载如电焊机、电镀电源、电解电源等场合，建议用户增加无功静补装置，提高电网功率因数和质量。

⑤ 在变频器比较集中的车间，建议采用集中整流、直流公共母线供电方式。也可采用谐波小、节能、特别适用于频繁启动/制动、电动运行与发电运行同时进行的场合的 12 脉冲整流器。

⑥ 控制电路和电缆的配电线应当尽可能地缩短，并和主电路配电线分开，以防止干扰信号进入。

⑦ 变频器应有良好的接地。

⑧ 变频器的输入端应串联抗干扰滤波器，以防止电源线侵入干扰信号。

⑨ 变频器外控端子上因外界干扰造成不正常工作时，可采用如下对策：

a. 在外控端子使用双绞线进行控制，如图 8-8（a）所示。

b. 在外控端上并电容器，降低输入阻抗，使干扰衰减，如图 8-8（b）所示。

c. 对塑料外壳变频器考虑装在屏蔽箱内，但是必须要有良好的通风冷却配合。

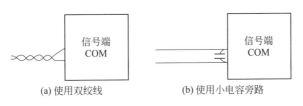

(a) 使用双绞线   (b) 使用小电容旁路

图 8-8   减轻外控输入端上外来干扰的方法

⑩ 主变压器受雷击后，由于一次断路器断开，会使变压器二次侧产生极高的浪涌电压，如图 8-9 所示。为了防止浪涌电压对变频器的破坏，可在变频器的输入端增设压敏电阻，如图 8-10 所示，其耐压应低于功率模块的耐压，以保护元器件不被击穿。

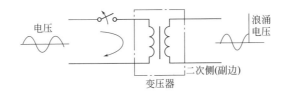

图 8-9   由于变压器一次断开而产生的浪涌电压

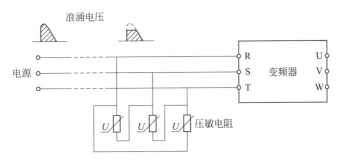

图 8-10   用压敏电阻防止浪涌电压

8.6.2   变频器对周边设备的干扰及对策

由于变频器的整流电路和逆变电路中使用了半导体开关器件，所以在其输入电压和电流中除了基波之外还含有一定的高次谐波成分，而这些高次谐波的存在将给变频器周边设备带来不同程度的影响。下面介绍不同的应对措施。

(1) 数字式测量仪器仪表受到干扰的对策

数字式测量仪器仪表的输入阻抗高、频率响应好，很容易受变频器本身和输入/输出线所辐射出来的无线电干扰影响，造成数字式测量仪器仪表显示乱跳或完全不能测量。因此要求数字式测量仪器仪表远离变频器及变频器的输入/输出线。如数字式测量仪器仪表不可能远离，应采取以下措施。

① 对数字式仪器仪表的本体、测量线进行屏蔽。屏蔽线的外套金属网不能两端接地，只能一端接地，接地端设在数字式仪器仪表侧，由此形成静电屏蔽如图 8-11 所示。

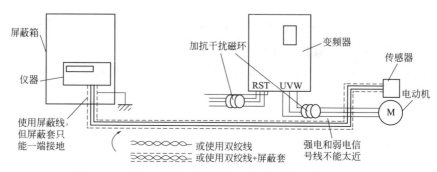

图 8-11 对数字式仪器或其他敏感仪器的抗干扰处理方法

② 使用双绞线作为数字式仪器仪表的输入线，每绞间距不得大于 1cm。

干扰严重时可以综合采用多种措施：双绞线＋屏蔽套、屏蔽箱、拉开距离、变频器输入/输出线加磁环、加电抗器等。

(2) 高频噪声影响影视和通信的解决办法

由于变频器采用高频开关器件，会产生极高的电磁噪声，对电视和通信产生不良影响。如果该噪声只是在电源线上传播，可采取以下措施加以抑制。

① 在变频器的输入、输出侧均串噪声滤波器，如图 8-12 所示。

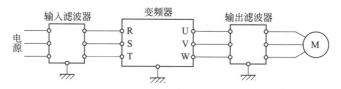

图 8-12 噪声滤波器的连接

② 将变频器的动力线与通信线分开。
③ 将变频器的动力线套入金属管并接地。
④ 将变频器置于铁柜内。

(3) 变频器引起电网波形畸变的解决办法

通用变频器因都是采用整流桥→电容滤波→逆变方式，即交-直-交方式，整流和电容滤波的使用，会造成电网交流电压正弦波的顶端因电容吸收能量而变平，在电网内阻大的条件下，使电网电压波形畸变，致使一部分电器工作不正常和发生保护动作。例如：电梯、制冷机等，它们的电动机都有对相位的要求，在设备中都使用了相序保护器，当电网波形畸变严重时，相序保护器因电压波形畸变而动作，使电动机不能接通电源，因此，电梯和制冷机完全不能工作。为此，应采取以下措施。

① 在配电变压器（或发电机）后面的整流-电容滤波型变频器的负载容量不要太大，一般小于配电变压器容量的1/10以下。

② 增设隔离变压器将变频器与电网隔离，使高次谐波电流不致直接进入电网。

③ 变频器要配置直流电抗器和输入侧交流电抗器，而且选择电抗器的电感量大一些为好。

④ 当电网侧接三相电容器时（改善功率因数用），必须在其上串联电抗器，如图8-13所示，以防高次谐波使电容器发热。

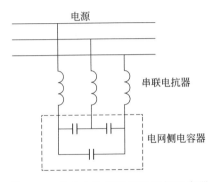

图 8-13　串入电抗器保护电网侧电容器

（4）电动机变频调速后温升提高的解决办法

由于普通异步电动机多采用自通风冷却方式，所以当电动机的转速降低时，其风扇的风速下降，使风冷能力降低，将导致电动机过热。此外，由于变频器产生高次谐波电流，会使电动机的铜耗和铁耗增加，也将导致电动机过热。因此，为了避免电动机变频调速后温升过高，应采取以下措施。

① 选用变频调速专用电动机。

② 减小调速范围，避免超低速运行。

③ 为普通异步电动机设置专用风机对电动机进行冷却。

变频器常见故障与对策

9.1 三菱通用变频器常见故障与对策

见表 9-1。

表 9-1 三菱通用变频器常见故障与对策

故障现象	发生时的工作状况	对策
电动机不运转	变频器输出端子 U、V、W 不能提供电源	检查电源是否已提供给端子；检查运行命令是否有效；检查复位功能或自由运行/停车功能是否开放
	负载过重	检查电动机负荷是否过重
	任选远程操作器被使用	确保其操作设定正确
电动机反转	输出端子连接不正确	使得电动机的相序与端子连接相对应，通常正转 U-V-W，反转 U-W-V
	电动机正反转的相序未与输出对应	
	控制端子连接不正确	端子（FW）用于正转，（RV）用于反转
电动机转速不能达到	如果使用模拟输出，电流或电压为零	检查连线；检查电位器或信号发生器
	负载太重	减少负载；重负载激活了过载限定（根据需要不让此过载信号输出）
转动不稳定	负载波动过大	增加电动机容量（变频器和电动机）
	电源不稳定	解决电源问题
	该现象只出现在某一特定频率下	稍微改变输出频率，使用调频设定跳过此频率

故障现象	发生时的工作状况	对策
过电流	加速中过电流	电动机是否短路或局部短路，输出线绝缘是否良好；延长加速时间；检查变频器配置，容量是否合适；降低转矩提升设定值
	恒速中过电流	电动机是否短路或局部短路，输出线绝缘是否良好；检查电动机是否堵转，机械负载是否突变；变频器容量是否合适，若太小则增大容量；检查电网电压是否突变
	减速中或停车时过电流	检查输出线绝缘是否良好，电动机是否有短路现象；延长减速时间；更换容量大的变频器；直流制动量太大，减少直流制动量
短路	对地短路	机械故障，送厂维修；检查电动机连线是否短路；检查输出线绝缘是否良好；电动机是否短路或局部短路
过电压	停车中、加速中、恒速中、减速中过电压	延长减速时间或加装制动电阻；改善电网电压，检查是否有突变电压产生
	低压	检查输入电压是否正常；负载是否突变；是否断相
	变频器过热	检查风扇是否堵转，散热片是否有异物；环境温度是否正常；通风条件是否足够，空气能否对流
变频器过载	连续超负荷 150%，时间 1min 以上	检查变频器容量是否过小，若过小，则加大容量；机械负载是否有卡死现象；若 U/f 曲线设定不良，则重设
电动机过载	连续超负荷 150%，时间 1min 以上	检查机械负载是否有突变；电动机容量是否足够；电动机绝缘是否变差；是否存在断相
	电动机过转矩	检查机械负载是否波动；电动机容量是否偏小

9.2 施耐德变频器故障显示原因与对策

见表 9-2。

表 9-2 施耐德变频器故障显示原因与对策

故障显示	可能原因	对策
PHF	① 变频器供电电源不对或熔断器熔断 ② 某相有瞬时故障	① 检查电源连接和熔断器 ② 复位
USF	① 电源电压欠电压 ② 瞬时电压跌落 ③ 负载电阻损坏	① 检查电源电压 ② 更换负载电阻

故障显示	可能原因	对策
OSF	电源电压过高	检查电源电压
OHF	散热器温度过高	检测电动机负载；变频器通风；等变频器冷却后再复位
OLF	由于过载时间过长引起热保护跳闸	① 检查热保护设置；检测电动机负载 ② 约等 7min 之后再重新启动
ObF	制动过快或负载过重	延长减速时间，如有必要，增加制动电阻
OPF	输出断相	检查电动机连线
LFF	A12 口的 4～12mA 信号丢失	检查给定电路
OCF	① 斜坡过短 ② 惯性过大或负载过重 ③ 机械卡位	① 检查设置 ② 检查电动机/变频器/负载容量 ③ 检查机械部分状态
SCF	变频器输出侧短路或接地	断开变频器，检查连接电缆和电动机绝缘，检查变频器桥阻
CF	① 负载继电器控制故障 ② 负载电阻损坏	检查变频器中的接头以及负载电阻
SLF	变频器接口连接不正确	检查变频器接口连接情况
OF	电动机过热（PTC 传感器）	检查电动机通风以及周围环境温度，检查所用传感器类型，检测电动机负载
SF	传感器与变频器连接错误	检查传感器与变频器之间的连接
EEF	EEPROM 存储错误	切断变频器电源并复位
InF	① 内部故障 ② 接口故障	检查变频器的接口
EPF	外部联锁故障	检查引起故障的设备并复位
SPF	无速度反馈	检查速度传感器的连线和机械耦合
AnF	① 不跟随斜坡 ② 速度反向到设定点	① 检查速度反馈设置和连线 ② 检查对特定负载的设置是否适合 ③ 检查电动机/变频器的容量，以及是否需要制动电阻
SOF	① 不稳定 ② 负载过重	① 检查设置和参数 ② 增加制动电阻 ③ 检查电动机/变频器/负载的容量
CnF	现场总线中的通信故障	① 检查变频器的网络连接 ② 检查超时
ILF	选项板与控制板间的通信故障	检查选项板与控制板之间的连接

故障显示	可能原因	对策
CFF	更换板后可能引起的错误： ① 功率板的标称改变 ② 选项板型号改变，或是在原来没有选项板而宏配置是 CUS 的情况下安装选项板 ③ 选项板拆除 ④ 保存不了不一致的配置	① 检查变频器硬件配置（功率或其他） ② 切断变频器电源并复位 ③ 将配置存储在显示模块的一个文件中 ④ 按 ENT 键两次，恢复出厂设置（第一次按 ENT 键时，会出现下列信息：Fact，Set? ENT/ESC 恢复出厂设置吗？ENT/ESC）
CFI	经串行口送入变频器的配置不一致	① 检查以前送入的配置 ② 发送一个相同的配置

9.3 SINE003 系列变频器的故障报警信息与对策

见表 9-3。

表 9-3 SINE003 系列变频器的故障报警信息与对策

故障信息	故障类型	故障原因	对策
SC	短路故障	变频器三相输出相间或接地短路 功率模块或桥臂直通 模块损坏	调查原因，实施相应对策后复位
OH	过热	周围环境温度过高 变频器通风不良 冷却风扇故障	变频器运行环境应符合规格要求 改善通风环境 更换冷却风扇
LP	断相	输入 R、S、T 断相	检查输入电源
EC	存储器错误	干扰使存储器读/写错误，存储器损坏	按 STOP/RESET 键复位，重试
HOU	瞬时过电压	减速时间太短 电动机的再生能量太大 电网电压太高	延长减速时间 将电压降到规格范围内
SOU	稳态过电压	电网电压太高	将电压降到规格范围内
HLU	瞬时欠电压	输入电源断相 瞬时停电 输入电源接线端子松动 输入电源变化太大	检查输入电源 旋紧输入电源接线端子螺钉
SLU	稳态欠电压	输入电源断相 输入电源接线端子松动 输入电源变化太大	检查输入电源 旋紧输入电源接线端子螺钉
HOC	瞬时过电流	变频器输出侧短路 负载太重 加速时间太短 转矩提升设定值太大	调查原因，实施相应对策后复位 延长加速时间 减小转矩提升设定值

故障信息	故障类型	故障原因	对策
SOC	稳态过电流	变频器输出侧短路 负载太重 加速时间太短 转矩提升设定值太大	调查原因,实施相应对策后复位 延长加速时间 减小转矩提升设定值
OL	过载	加、减速时间太短 转矩提升太大 负载转矩太重	延长加、减速时间 减小转矩提升设定值 更换与负载匹配的变频器
STP	自测试取消	自测试过程中按下 STOP/RESET 键	按 STOP/RESET 键复位
SEE	自测试自由停车	自测试过程中外部端子 FRS=ON	按 STOP/RESET 键复位
SRE	定子电阻异常	电动机与变频器的 U、V、W 三相输出未连接 电动机未脱开负载 电动机故障	检查变频器与电动机之间的连线 使电动机脱开负载 检查电动机
SCE	空载电流异常	电动机与变频器的 U、V、W 三相输出未连接 电动机未脱开负载 电动机故障	检查变频器与电动机之间的连线 使电动机脱开负载 检查电动机

9.4 艾默生 TD900 系列变频器的故障与对策

见表 9-4。

表 9-4 艾默生 TD900 系列变频器的故障与对策

故障信息	故障类型	可能的故障原因	对策
E001	加速中过电流	加速时间短 U/f 曲线不合适 瞬停发生时,对旋转中电动机实施再启动	延长加速时间 检测并调整 U/f 曲线,调整转矩提升量 等待电动机停止后再启动
E002	减速运行过电流	减速时间太短	延长减速时间
E003	恒速运行过电流	负载发生突变 负载异常	减小负载的突变 进行负载检查
E004	加速中过电压	输入电压异常 瞬停发生时,对旋转中电动机实施再启动	检查输入电源
E005	减速运行过电压	减速时间短(相对于再生能量) 能耗制动电阻选择不合适	延长减速时间 重新选择制动电阻
E006	恒速运行过电压	输入电压发生了异常变动 负载由于惯性产生再生能量	安装输入电抗器 考虑能耗制动电阻

故障信息	故障类型	可能的故障原因	对策
E007	变频器停机时，控制电压过电压	输入电压异常	检查输入电压
E011	散热器过热	风扇损坏 风道堵塞	更换风扇 清理风道
E013	变频器过载	进行急加速 直流制动量过大 U/f 曲线不合适 瞬停发生时，对旋转中电动机实施再启动 负载过大	延长加速时间 适当减小直流制动电压，增加制动时间 调整 U/f 曲线 等电动机停稳后，再启动 选择适配的变频器
E014	电动机过载	U/f 曲线不合适 电动机堵转或负载突变过大 普通电动机长期低速大负载运行	调整 U/f 曲线 检查负载 长期低速运行时，可选择专用电动机
E015	外部设备故障	通过 Xi 端子输入的外部设备故障中断 在非操作面板运行方式下，可使用急停 STOP 键	检查相应外部设备
E016	EEPROM 读写故障	控制参数的读写发生错误	寻求服务
E019	电流检测电路故障	电流检测的电路故障或相关电源故障	寻求服务
E020	CPU 错误	CPU 错误（外部干扰严重或读写错误）	寻求服务

9.5　森兰变频器报警内容与对策

见表 9-5。

表 9-5　森兰变频器报警内容与对策

故障代码	故障类型	可能的故障原因	对策
ou	过电压	① 电源电压异常 ② 减速时间太短 ③ 制动电阻选择不合适	① 检查输入电源 ② 重设减速时间 ③ 重新选择制动电阻
Lu	欠电压	① 输入电压异常 ② 变频器内有故障	① 检查输入电源 ② 与厂家联系维修
oL	过载	① 电子热保护参数设定不恰当 ② 负载太大	① 重新设定电子热保护参数 ② 增大变频器容量
dP	断相	① 变频器输入断相 ② 变频器输出断相	① 排除故障 ② 与厂家联系维修

故障代码	故障类型	可能的故障原因	对策
FL	模块故障	① 输入电压太低 ② 负载太大 ③ 短路或接地 ④ 变频器内有故障	① 检查输入电源 ② 增大变频器容量 ③ 排除故障 ④ 与厂家联系维修
oLE	外部故障	外部电路有故障	排除外部电路故障
oH	过热	① 风扇损坏 ② 通风道阻塞 ③ 变频器内有故障	① 更换风扇 ② 清理通风道 ③ 与厂家联系维修
oc	过电流	① 加减速时间太短 ② U/f 曲线设定不当 ③ 变频器容量偏小	① 重设加减速曲线 ② 重设 U/f 曲线 ③ 增大变频器容量
FErr	上位机设定错误	变频器上位机设定错误	重新设定功能 F900
Err1	通信错误 1	变频器内有故障	与厂家联系维修
Err2	通信错误 2	变频器内有故障	与厂家联系维修
Err3	通信错误 3	变频器内有故障	与厂家联系维修
Err5	存储失败	变频器内有故障	与厂家联系维修
—	面板无显示	① 输入电压异常 ② 连接电缆或显示板异常 ③ 变频器内有故障	① 检查输入电源 ② 更换接插件显示板或连接电缆 ③ 与厂家联系维修
—	电动机异常	① 电动机故障 ② $U/f1$ 曲线不合适 ③ 外控端子连接不正确 ④ 变频器内有故障	① 更换 ② 重设 $U/f1$ 曲线 ③ 重连外控端子连线 ④ 与厂家联系维修

9.6 日立变频器的故障报警信息与对策

见表 9-6。

表 9-6 日立变频器的故障报警信息与对策

故障信息	说明	原因	对策	备注
E01	恒速运转过电流	负荷突然变小 输出短路 L-PCB 与 IPM-PCB 的连接电缆出错 接地故障	增加变频器容量，使用矢量控制方式	CT 检查

故障信息	说明	原因	对策	备注
E02	减速运转过电流	速度突然变化 输出短路 接地故障 减速时间太短 负载惯量过大 制动方法不合适	检查各项输出,延长减速时间,使用模糊逻辑加、减速,检查制动方式	CT检查
E03	加速运转过电流	负荷突然变化 输出短路 接地故障 启动频率调整太高 转矩提升太高 电动机被卡住 加速时间过短 变频器与电动机之间的连接电缆过长	使用矢量控制,即AO设定为4,提升转矩,延长加速时间,增大变频器的容量,使用模糊逻辑加、减速控制功能,缩短变频器与电动机之间的距离	CT检查
E04	停止时过电流	CT损坏,功率模块损坏		CT检查
E05	过载	负荷太重 电子热继电器门限设置过小	减轻负荷,增大变频器的容量,增大电子热继电器的门限值	
E06	制动电阻过载保护	再生制动时间过长 L-PCB与IPM-PCB的连接电缆出错	延长减速时间,增大变频器的容量,将A38设定为00,提高制动使用率	
E07	过电压	速度突然减小 负荷突然脱落 接地故障 减速时间太短 负荷惯性过大 制动方法有问题	延长减速时间,增大变频器的容量,外加制动单元	
E08	EEPROM故障	周围噪声过大 机体周围环境温度过高 L-PCB损坏 L-PCB与IPM-PCB的连接线松动或损坏 变频器制冷风扇损坏	移去噪声源,机体周围应便于散热、空气流动良好,更换制冷风扇,更换相应元器件,重新设定参数	
E09	欠电压	电源电压过低 接触器或断路器触点不良 10min内瞬间掉电次数过多 启动频率调整太高 F11选择过高 电源主线端子松动 同一电源系统有大的负载启动 电源变压器的容量不够	改变供电电源质量,更换接触器或断路器触点,将F11设为380V,将主线各节点接牢,增加变压器的容量	

故障信息	说明	原因	对策	备注
E10	CT 出错	CT 损坏，CT 与 IPM-PCB 上的 J51 的连线松动，逻辑控制板上的 OP1 损坏，RS、DM、ZNR 可能损坏	检查接线，更换有问题的器件	
E11	CPU 出错	周围噪声过大，误操作，CPU 损坏	重新设置参数，移去噪声源，更换 CPU	
E12	外部跳闸	外部控制线路有故障	检测外部控制线路	
E13	USP 出错	一旦 INV 处于运行状态时，突然来电会发生此故障信息	变频器停止运行操作时，应该将运行开关关闭后再拉掉电源，不能直接拉电源	
E14	INV 输出接地故障	周围环境过于潮湿 电缆的绝缘性能下降 电动机的绝缘性能下降 变频器的输出接地不好 加减速时间过短 CT 故障 L-PCB 故障 IPM 损坏 L-PCB 与 IPM-PCB 的连接线松动或损坏 使用电控柜时可能输出、输入电缆磨损与电控柜连接一体带电 变频器输出电缆断线 输出端子松动 电动机的线圈断线 电动机的功率太小 由于噪声引起的误动作	断开 INV 的输出端子，用绝缘电阻表检查电动机的绝缘性，换线缆，或烘干电动机，更换其他零部件（有时 IPM-PCB 是好的，但是 DM 损坏了）	
E15	电源电压过高	电源电压过高 F11 设置过低 AVR 功能没有起作用	看能否降低电源电压，根据实际情况选择 F11 值，在输入侧安装 AC 电抗器	
E16	瞬间电源故障	电源电压过低 接触器或断路器触点不良		
E21	变频器内部温度过高	制冷风扇不转 变频器内部温度过高 散热片堵塞		
E23	CPU 与闸阵列连接故障	FFC 接触不良	更换或清洁 FFC 插头	
E24	断相保护	三相电源断相 接触器或断路器触点不良 L-PCB 与 IPM-PCB 的连线不良	检查供电电源，更换接触器或断路器触点，换一块 L-PCB 仍旧不好且再换连线仍旧不好，则说明 IPM-PCB 损坏	

故障信息	说明	原因	对策	备注
E31	恒速过电流	负荷突然改变 变频器机体温升过高 周围环境过于潮湿 电缆的绝缘性能下降 电动机的绝缘性能下降 变频器的输出接地不好 电动机的接地不好 IPM 损坏	对于 E31、E32、E33、E34 而言，主要是输出侧的原因，解决办法是使用模糊控制	
E32	减速过电流	减速时间设置不当 速度突然变化 输出短路 接地故障 IPM 损坏		
E33	加速过电流	速度突然增加 负荷突然变化 输出短路 接地故障 启动频率调整的太高 转矩提升的太高 电动机被卡住 IPM 损坏 载波频率过高 IPM-PCB 损坏 PM 与底座的散热硅胶涂抹的不均匀	仅限 J300-750HFE4 以上型号	
E34	停止时过电流	变频器的振动过大 IPM 损坏 变频器没有垂直安装 环境温度过高 内部电源损坏 制冷风扇不转		
E35	电动机过热	热敏电阻与变频器的智能端子连接后，如果电动机的温度过高，则变频器跳闸		
E60—	上面四道杠	通信网络看门狗超时，复位信号被保持，面板和变频器之间出现错误	按下（1键或2键）键即能恢复，再按一次接通电源	
—	中间四道杠	关断电源时显示		
—U		输入电压低时显示		
—	下面四道杠	无任何跳闸历史时显示		
—	闪烁	逻辑控制板损坏、开关电源损坏		

9.7 艾默生 EV-2000 变频器故障原因与对策

见表 9-7。

表 9-7 艾默生 EV-2000 变频器故障原因与对策

故障代码	故障类型	可能的故障原因	对策
E001	变频器加速运行过电流	①加速时间太短 ②U/f 曲线不合适 ③瞬停发生时,对旋转中电动机实施再启动 ④电网电压低 ⑤变频器功率太小	①延长加速时间 ②调整 U/f 曲线设置,调整手动转矩提升量或者正确设置电动机参数保证自动转矩提升正常 ③启动方式 F2.00 设置为转速跟踪再启动功能 ④检查输入电源 ⑤选用功率等级大的变频器
E002	变频器减速运行过电流	①减速时间过短 ②有势能负载或负载惯性转矩大 ③变频器功率偏小	①延长减速时间 ②外加合适的能耗制动组件 ③选用功率等级大的变频器
E003	变频器恒速运行过电流	①负载发生突变 ②加减速时间设置太短 ③负载异常 ④电网电压低 ⑤变频器功率偏小	①减小负载的突变 ②适当延长加减速时间 ③进行负载检查 ④检查输入电源 ⑤选用功率大的变频器
E004	变频器加速运行过电压	①输入电压异常 ②加速时间设置太短 ③瞬停发生时,对旋转电动机实施再启动	①检查输入电源 ②适当延长加速时间 ③将启动方式 F2.00 设置为转速跟踪再启动功能
E005	变频器减速运行过电压	①减速时间太短（相对于再生能量） ②有势能负载或负载惯性转矩大	①延长减速时间 ②选择合适的能耗制动组件
E006	变频器恒速运行过电压	①输入电压异常 ②加减速时间设置太短 ③输入电压发生了异常变动 ④负载惯性大	①检查输入电源 ②适当延长加减速时间 ③安装输入电抗器 ④考虑采用能耗制动组件
E007	变频器控制电源过电压	输入电压异常	检查输入电源或寻求服务
E008	输入侧断相	输入 R、S、T 有断相	检查安装配线 检查输入电压
E009	输出侧断相	输出 U、V、W 有断相	检查输出配线 检查电动机及电缆

故障代码	故障类型	可能的故障原因	对策
E010	逆变模块保护	①变频器瞬间过电流 ②输出有相间短路或接地故障 ③风道阻塞或风扇损坏 ④环境温度过高 ⑤控制板连线或插件松动 ⑥输出断相等原因造成电流波形异常 ⑦输出电源损坏，驱动电压欠电压 ⑧逆变模块桥臂直通 ⑨控制板异常	①参见过电流对策 ②重新配线 ③疏通风道或者更换风扇 ④降低环境温度 ⑤检查并重新配线 ⑥检查配线 ⑦寻求服务 ⑧寻求服务 ⑨寻求服务
E011	逆变模块散热器过热	①环境温度过高 ②风道阻塞 ③风扇损坏 ④逆变模块异常	①降低环境温度 ②清理风道 ③更换风扇 ④寻求服务
E012	整流模块散热器异常	①环境温度过高 ②风道阻塞 ③风扇损坏	①降低环境温度 ②清理风道 ③更换风扇
E013	变频器过载	①加速时间太短 ②直流制动量过大 ③U/f曲线不合适 ④瞬停发生时，对旋转中的电动机实施再启动 ⑤电网电压过低 ⑥负载太大	①延长加速时间 ②减小直流制动电流延长制动时间 ③调整U/f曲线和转矩提升量 ④将启动方式F2.00设置为转速跟踪再启动功能 ⑤检查电网电压 ⑥选择功率更大的变频器
E014	电动机过载	①U/f曲线不合适 ②电网电压过低 ③通用电动机长期低速大负载运行 ④电动机过载保护系数设置不正确 ⑤电动机堵转或负载突变太大	①正确设置U/f曲线和转矩提升量 ②检查电网电压 ③长期低速运行，可选择专用电动机 ④正确设置电动机过载保护系数 ⑤检查负载
E015	紧急停车或外部设备故障	①非操作面板运行方式下，使用急停STOP键 ②失速情况下使用急停STOP键 ③失速状态持续1min，会自动报E015停机 ④外部故障急停端子闭合	①查看F9.07中STOP键的功能定义 ②查看F9.07中STOP键的功能定义 ③正确设置FL.02及FL.03 ④处理外部故障后断开外部故障端子
E016	EEPROM读写故障	控制参数的读写发生错误	STOP/RESET键复位，寻求服务
E017	RS232/485通信错误	①波特率设置不当 ②串行口通信错误 ③故障告警参数设置不当 ④上位机没有工作	①适当设置波特率 ②按STOP/RESET键复位寻求服务 ③修改FF.02、FF.03、FL.12的设置 ④检查上位机工作与否、接线是否正确

故障代码	故障类型	可能的故障原因	对策
E018	接触器未吸合	①电网电压太低 ②接触器损坏 ③上电缓冲电阻损坏 ④控制电路损坏 ⑤输入断相	①查电网电压 ②更换主电路接触器 ③更换缓冲电阻 ④寻求服务 ⑤检查输入 R、S、T 接线
E019	电流检测电路故障	①控制板连线或插件松动 ②辅助电源损坏 ③霍尔器件损坏 ④放大电路异常	①检查并重新连线 ②寻求服务 ③寻求服务 ④寻求服务
E020	系统干扰	①干扰严重 ②主控板 DSP 读写错误	①按 STOP/RESET 键复位或在电源输入侧外加电源滤波器 ②按 STOP/RESET 键复位，寻求帮助
E023	操作面板参数复制出错	①操作面板参数不完整或者操作面板版本与主控板版本不一致 ②操作面板 EEPROM 损坏	①重新刷新操作面板数据和版本，先使用 FP.03＝1 上传参数再使用 FP.03＝2 或者 3 下载 ②寻求服务
E024	自整定不良	①电动机铭牌参数设置错误 ②自整定超时	①按电动机铭牌正确设置参数 ②检查电动机连线

9.8 艾默生 EV-2000 变频器操作异常与对策

见表 9-8。

表 9-8 艾默生 EV-2000 变频器操作异常与对策

现象	出现条件	可能原因	对策
操作面板没有响应	个别键或所有键均没有响应	①操作面板锁定功能生效 ②操作面板连接线接触不良 ③操作面板按键损坏	①在停机或运行参数状态下，先按下 ENTER/DATA 键并保持，再连续按向下键"▼"三次，即可解锁；变频器完全掉电再上电 ②检查连接线 ③更换操作面板或者寻求服务
功能码不能修改	运行状态下不能修改部分功能码不能修改按 MENU/ESC 无反应按 MENU/ESC 后无法进入功能码显示状态 0.0.0.0	①该功能码在运行状态下不能修改 ②功能码 FP.01 设定为 1 或者 2，或者该功能码是实际检测值 ③锁定功能码生效或其他 ④没有用户密码	①停机状态下进行修改 ②将 FP.01 改设为 0 或者实际参数用户不能修改 ③见"操作面板没有响应"解决办法 ④正确输入用户密码或者寻求服务

现象	出现条件	可能原因	对策
运行中变频器意外停机	未给出停机命令，变频器自动停机，运行指示灯灭	①有故障报警 ②简易 PLC 单循环完成 ③定长停机功能生效 ④上位机或者运程控制盒与变频器通信中断 ⑤电源有中断 ⑥运行命令通道切换 ⑦控制端子正反转逻辑改变	①查找故障原因，复位报警 ②检查 PLC 参数设置 ③消除实际长度或设置 F9.14（设定长度）为 0 ④检查通信线路及 FF.02、FF.03、FL.12 的设置 ⑤检查供电情况 ⑥检查操作及运行命令通道相关功能码设置 ⑦检查 F7.35 设置是否符合要求
	未给出停机命令，电动机自动停车，变频器运行指示灯亮，零频运行	①故障自动复位 ②简易 PLC 暂停 ③外部中断 ④零频停机 ⑤设定频率为零 ⑥跳跃频率设置问题 ⑦正作用，闭环反锁＞给定；反作用，闭环控制＜给定 ⑧频率调整设置为 0 ⑨停电再启动选择瞬时低压补偿，且电源电压偏低	①检查故障自动复位设置和故障原因 ②检查 PLC 暂停功能端子 ③检查外部中断设置及故障源 ④检查零频停机参数设置 F9.12、F9.13 ⑤检查设定频率 ⑥检查跳跃频率设置 ⑦检查闭环给定与反馈 ⑧检查 F9.05 及 F9.06 设置 ⑨检查停电再启动功能设置和输入电压
变频器无法运行	按下运行键，变频器不运行，运行指示灯灭	①自由停车功能端子有效 ②变频器禁止运行端子有效 ③外部停机功能端子有效 ④定长停机到 ⑤三线制控制方式下，三线制运转控制功能端子未闭合 ⑥有故障报警 ⑦上位机虚拟端子功能设置不当 ⑧输入端子正反逻辑设置不当	①检查自由停车端子 ②检查变频器禁止运行端子 ③检查外部停机功能端子 ④检查定长停机设置或清除实际长度 ⑤设置并闭合三线制运转控制端子 ⑥排除故障 ⑦取消上位机虚拟端子功能或用上位机给出恰当设置，或修改 F7.35 设置 ⑧检查 F7.35 设置
变频器上电立即运行报 POWEROFF	晶闸管或者接触器断开且变频器负载较大	由于晶闸管或接触器未闭合，变频器带较大负载运行时主电路直流母线电压有降低，变频器先显示 POWER-OFF，而不再显示 E018 故障	等待晶闸管或接触器完全闭合再运行变频器

10

变频器维修实例

10.1　艾默生变频器维修实例

【实例1】一台自制数控车床（系统为 GSK928TE，变频器为 EV2000-4T0550G）。

故障现象：车工在加工工件时，主轴自动停转，屏幕显示"急停报警"，后手动试主轴启动高速和变速时，也急停报警。

故障检修过程：首先查看变频器在系统显示报警时，变频器是否报警，变频器屏幕没有报警号。我们首先查看配电柜内短路开关没有跳闸，测急停按钮触点正常，于是就怀疑变频参数是否正确，所以对照设定参数把变频器参数检查了一遍，参数设置都正确。然后把变频器前端盖打开，检查内部接线端子，把端子全部紧固一遍后，上好前端盖，给电试运行，系统还是显示急停报警，查看变频器说明书故障处理部分，此种现象符合运行中变频器意外停机故障，按照此种故障处理方法注意检查定长停机功能设置、电源、设定频率、跳跃频率设置、频率调整等都正常，判断变频器正常，再次按照变频器电气图检查，急停线路除了接急停按钮和开关外还接了变频电动机热保护节点 RT，打开变频电动机接线盒找到热保护节点 RT 接线（接线盒内设有热保护节点 RT 接线柱），打开接线处发现电动机保护节点 RT 线接有冷压接线端子，从系统配电柜引出线与 RT 线接有冷压接线端子的接线松动，重新接线把接头接好，用绝缘胶带包好试车，故障消除。

小结：在维修过程中首先要把图样读懂看透，这样检修就会少走弯路，另外就是了解掌握相关设备性能，出现故障知道从哪里着手，有些设备故障在说明书中不一定有，这时就要逐项排查找到故障点，最终解决问题。

【实例 2】 一台数控车床（系统为 GSK928TE，变频器为 EV2000-4T0550G）。

故障现象： 主轴在启动 100r/min 以下转速时，主轴转速减不下来，比如说系统输入 60r/min 转速，系统输入后观察变频器频率正常，但是，一启动主轴，变频器频率就升上去了，主轴在启动 100r/min 以上转速时主轴转速正常，系统和变频器不显示报警号，无法完成钻孔和铰孔加工工序。

故障检修过程： 首先对照变频器设定参数检查，检查这台变频器设定参数正常，为保险起见我们对照说明书把参数初始化，重新输入参数试车，主轴在启动 100r/min 以下转速时主轴转速还是降不下来，而相邻的同型号机床主轴低速运转正常，为了验证是否是变频器自身故障，我们把这两台机床的变频器对调试用，系统输入 30r/min 转速，系统输入后观察变频器频率显示正常，系统一启动变频器频率就升上去了，这台机床的变频器在另一台机床上能正常工作，说明变频器自身无故障，用手动方式启动变频器在低速运转正常，于是就怀疑这台机床变频器模拟量输入电路上可能有故障，用万用表测 VCI（变频器模拟给定电压）和 0V 线的通断，测量显示接线正常，这台机床 VCI（变频器模拟给定电压）和 0V 线两根线同时和主轴、水泵系统输出线共享一根屏蔽电缆线，怀疑是否相互之间有干扰引起的故障，于是重新在原系统插头上焊接一根屏蔽电缆接上 VCI（变频器模拟给定电压）和 0V 线两根线试车，故障还是没有消除，说明电缆也没有问题。怀疑电缆屏蔽接线有问题，系统说明书防止干扰的方法第 4 条：CNC（数控机床）的引出电缆采用绞合屏蔽电缆或屏蔽电缆，电缆的屏蔽层在 CNC 侧采取单端接地，信号线尽可能短，此台车床变频器接线符合这个要求，其他同型号车床也是按这个要求接线的，仔细查看变频器说明书发现有接线提示，见表 10-1。

表 10-1　变频器接线提示

序号	提示内容
1	不要将 P24 端子和 COM 端子短接，否则可能会造成控制板的损坏
2	请使用多芯屏蔽电缆或绞合线连接控制端子
3	使用屏蔽电缆时，电缆屏蔽层的近端（靠变频器的一端）应连接到变频器的接地端子 PE
4	布线时控制电缆应充分远离主电路和强电线路（包括电源线、电动机线、继电器线、接触器连接线等）20mm 以上，避免并行放置，建议采用垂直布线，以防止由于干扰造成变频器误动作
5	电阻 R 对于 24V 输入的继电器应去掉，对于非 24V 继电器应根据继电器参数选择

根据提示把电缆屏蔽层的近端（靠变频器的一端）连接到变频器的接地端子PE，然后系统试输入低转速和高转速运行，转速正常，故障排除。

【实例3】一台半闭环数控车床（广州 GSK928TC 系统，变频器为 EV2000-4T0550G）。

故障现象： 变频电动机在 400r/min 以下启动不起来。

故障检修过程： 首先查看变频器不显示报警，把变频器参数进行对照，设置正确。把变频器参数初始化重新输入参数，试车时，变频电动机在 400r/min 以下还是启动不起来。启动后观察变频器频率在 400r/min 以下时频率升不上去，主轴输出模拟量电压不稳定。怀疑变频器输入电压受到干扰。打开主轴输出插头，检查发现信号线屏蔽线没有接地，按照变频器防干扰措施把屏蔽线焊接在输入插头外壳金属部分，再给电试车，变频电动机在 400r/min 以下启动正常。

【实例4】一台数控立车（艾默生 EV-2000 型变频器）。

故障现象： 变频器运行中出现 E010 报警，无法复位。

故障检修过程： 艾默生 EV-2000 型变频器 E010 报警号原因和处理方法见表 10-2。

表 10-2 艾默生 EV-2000 型变频器 E010 报警号原因和处理方法

故障代码	故障类型	可能的故障原因	对策
E010	逆变模块保护	变频器瞬间过电流	参见过电流对策
		输出三相有相间短路或接地故障	重新配线
		风道堵塞或风扇损坏	疏通风道或更换风扇
		环境温度过高	降低环境温度
		控制板连线或插件松动	检查并重新配线
		输出断相等原因造成电流波形异常	检查配线
		辅助电源损坏，驱动电压欠电压	寻求服务
		逆变模块桥臂直通	寻求服务
		控制板异常	寻求服务

断电检查变频器逆变模块桥臂直通，说明变频器因过电流已损坏，送外维修，检查线路，发现制动电阻接地，拆开制动电阻护罩，发现制动电阻固定端有铁屑末，清理制动电阻，测量制动电阻绝缘恢复正常。在固定端加塑料薄膜，使制动电阻与固定端绝缘，变频器修回后，安装接线试车，恢复正常。

【实例5】一台数控车床（艾默生 EV-2000 型变频器）。

故障现象： 主轴一启动，QF9、QF12、QF13 开关就会跳闸。

故障检修过程： 此台数控车床 QF9 为电源控制开关，QF12 为变频主电动机冷却风扇控制开关，QF13 主轴计时器开关。根据线路图逐一检查，发现变频主电动机冷却风扇转不动，里面积了很多铁屑（由于机车是斜床身，护罩来回运动时，一些铁屑会掉落到电动机上，被卷到电动机冷却风扇内，时间长了会造成冷却风扇无法转动），拆下变频主电动机冷却风扇，清理干净后装上，开机运行正常。为防止再次出现此类故障，在护罩上加装密封装置，减少铁屑散落。

【实例 6】 一台 ZK7640 铣床（EV-2000 变频器，5.5kW）。

故障现象： 此台铣床变频器换到同型号铣床（此台铣床闲置一段时间，当时开机后变频器显示正常，没有试电动机运转是否正常就安装到另一台铣床），另一台铣床变频器修回后安装到这台铣床上，开机后变频器运行时主电动机出现 E014 报警。

故障检修过程： E014 报警原因及解决办法见表 10-3。

表 10-3 E014 报警原因及解决方法

报警号	故障名称	可能的故障原因	解决方法
E014	电动机过载	U/f 曲线不合适	正确设置 U/f 曲线和转矩提升
		电网电压过低	检查电网电压
		通用电动机长时间低速大负载运行	选择专用电动机
		电动机过载保护系数设置不正确	正确设置电动机过载保护系数
		电动机堵转或负载突变过大	检查负载

从以上原因分析，出现这种现象可能是变频器没有修好，或者是主电动机或主电动机线路在停机期间出现故障，首先检查变频电动机和电动机接线正常，用手轻轻盘动主轴，接着用另一台备用变频器（一起修回的）把刚安装好的变频器换下，因为没有此机床变频器参数，所以拿 CK32P4 车床变频器参数参考，数控车床基频是 25，输入后试车，变频器一运行就会出现 E014 报警，为了验证是否修回的变频器有故障，把原机床变频器换回，开机测试发现变频器和电动机都运行正常。把修回的变频器安装到 CK32P4 车床，输入参数后试车，运转正常，另一台修回的变频器试车，也正常。再把变频器安装到这台铣床上，运行电动机时还是出现 E014 报警，询问变频器厂家技术人员，说出现 E014 报警除了说明书上给出的原因，还可能跟参数设置有关系，尤其基频参数设置不当也会引起

E014 报警，拆下护罩，查看电动机铭牌如下：型号为 YP-50-4-4，4kW，380V，50Hz，9.6A，频率范围 50～200Hz，对照之后发现确实变频器电动机基频参数设置错误，把基频参数设置为 50，再次运行，故障排除。

小结：此台机床维修过程中出现几次曲折，主要还是没有按照步骤操作：

① 首先变频器再换到另一台机床前要试车。

② 参数设置一定要根据具体机床设定，参照机床电动机参数，不能照抄其他机床，以免出现因为设置参数不当引起的故障。

【实例 7】一台艾默生 EV2000-4T0370P 变频器。

故障现象：一台艾默生 EV2000-4T0370P 变频器上电时显示"P.OFF"故障信息，不能进行正常运行，反复试验后变频器无显示。

故障检修过程：检查发现变频器内的上电缓冲电阻已开路，变频器的直流母线 P、N 上外接制动单元的 P、N 之间的阻值只有 13Ω，与制动电阻完全相同，可以确认制动单元已损坏。更换上电缓冲电阻、制动单元后，给变频器再次上电，故障消除，变频器运行正常。

变频器故障为外接制动单元损坏所致。正常变频器一上电，电解电容即被充电，当直流母线电压达到一阈值时，与上电缓冲电阻并联的接触器吸合，电阻被切除，电容充电由接触器提供通路。若在上电时制动单元损坏，电容上的直流母线电压将下降［直流母线电压由制动电阻所占整个电阻（制动电阻＋上电缓冲电阻）的比例来确定］，小于阈值，变频器便显示"P.OFF"故障信息。这时接触器因直流母线电压不够迟迟不能闭合，导致按照短时工作状态设计的上电缓冲电阻长时间工作，因此该电阻因发热严重导致阻值变大直至开路。电阻开路后，变频器再上电时，电解电容无法充电，直流母线电压一直为 0，变频器无显示。

【实例 8】一台艾默生 EV2000-4T0550G 变频器。

故障现象：一台艾默生 EV2000-4T0550G 变频器的操作面板显示"E019"故障信息，且按下复位键无法消除该故障。

故障检修过程：变频器显示"E019"故障信息为电流检测电路故障。EV2000-4T0550G 变频器的电流检测元件为霍尔故障，通过 H_1、H_2、H_3 这三个霍尔元件检测变频器的三相输出电流，经相关电路转换成线性电压信号，再经过放大比较电路输入 CPU，CPU 根据该信号的大小判断变频器是否过电流。如果输出电流超过保护设定值，则故障封锁保护电路动作，封锁 IGBT 脉冲信号，实现变频器的过电流保护功能。

一般来说，变频器会由于控制板连线松动或插件松动、电流检测元件损坏和电流检测放大比较电路异常导致电流检测电路故障，对于第一种情况需检查控制板连线或插件有无松动，对于第二种情况需要更换或处理电流检测元件，第三种情况为电流检测 IC 芯片或 IC 芯片工作电源异常，可通过更换 IC 芯片或修复变频器辅助电源解决。

切断变频器输入电源，检查控制板连线和插件，均无松动或异常现象。进一步检查霍尔元件是否损坏；EV2000-4T0550G 变频器的霍尔元件的连线为插头、插座结构，首先拔掉 H_3 上的插头，重新上电后，操作面板显示"E019"故障信息；再次停电，待放电完毕后，拔掉 H_2 上的插头，上电后，操作面板仍显示"E019"故障信息；重新停电，待放电完毕后，拔掉 H_1 插头，分别插上 H_2、H_3 上的插头，操作面板上的故障显示消失，显示正常，说明 H_1 霍尔元件有故障，采用新品替换后，变频器上电运行正常。

【实例 9】一台艾默生 TD2000-4T2000P 变频器。

故障现象： 艾默生 TD2000-4T2000P 变频器显示"P. OFF"故障信息。

故障检修过程： 检查发现主电路正常，直流母线电压和控制电源也都正常，更换主控制板后仍显示"P. OFF"故障信息。再检查，发现变频器防雷板上的 3 个熔断器中的 2 个损坏并处于断路状态。更换 2 个熔断器后，"P. OFF"故障信息消除，变频器运行正常。

控制电源和直流母线任何一个欠电压都会显示"P. OFF"故障信息。只有两个都正常时，变频器才可以运行。当三相电源正常时，断相检测信号（PL、GND）为低电平；当电源缺一相时，断相检测信号（PL、GND）为 10ms 周期的方波，变频器显示"E008"输入断相故障信息；当电源缺两相时，断相检测信号（PL、GND）为高电平，变频器显示"P. OFF"故障信息。

在 TD2000-4T2000P 变频器中，输入断相检测电路中的输入信号是经过防雷板转接后接入的。当防雷板上的熔断器损坏了 2 个时，对于输入断相检测电路来说相当于缺了两相，故报"P. OFF"故障信息。

【实例 10】一台艾默生 TD2000-4T0750G 变频器。

故障现象： 一台艾默生 TD2000-4T0750G 变频器经常显示"E010"故障信息。

故障检修过程： 参照用户手册故障对策表的提示，将因温度问题造成故障的可能性排除，可判断故障出在功率模块或驱动电路上。在询问故障信息、了解故障记录信息时，发现故障信息记录中的故障时刻电流在变频器输出电流之内，并未达到应该过电流保护动作的值，由此可见是由于瞬态大电流造成的保护，因此检查变频器输出侧电缆及电动机，发现它们没有出现相间短路或对地短路现象。再检查变频器配线及外围设备，发现在变频器输出侧安装有接触器，用于进行变频、工频切换，切换的控制指令是由 PLC 在给出变频器停车命令后发出的，并且在变频、工频切换之间有延时；停机的方式设置为减速停车。

根据检查的情况，初步判断是由于切换过程中各动作的时序存在问题，导致变频器在还没有输出的情况下，切断输出侧接触器，从而引起故障报警的。将停机方式更改为自由停车后，上述故障信息消除。

为避免变频器输出侧的接触器运行时断开和吸合，虽然在变频、工频切换控制指令发出前向变频器发出了停车指令，但由于停机方式改为了减速停车，所以可能变频器速度尚未减为零，即还有电流输出时输出侧接触器断开，发生大的冲击电流现象，则变频器便显示"P. OFF"故障信息。

变频器用户手册中明确指出变频器输出侧不允许接交流接触器，这就是考虑了当变频器运行有输出时，接触器吸合，给电动机供电瞬间将导致变频器故障报警，甚至损坏变频器。当然，如果现场需要进行变频、工频转换，或为了提高备用电路可靠性，在变频器输出侧增加交流接触器是无法避免的，此时要求设计该电路时，需确保变频器在运行有输出的状态下，交流接触器不会有吸合等动作，以避免变频器显示故障信息。

【实例 11】一台艾默生 TD2000-4T2800P 变频器驱动 220kW 电动机。

故障现象：艾默生 TD2000-4T2800P 变频器驱动 220kW 电动机，正常运行电流为 300A，使用中发现输出电流不定时突变，电流约增加 1 倍达到 560A，电动机振动厉害，造成变频器过载保护动作。

故障检修过程：检查发现变频器的输出侧和电动机之间接有一个接触器。断开电动机，变频器空载运行，测量发现变频器的三相输出电压均衡；再带载运行，测量变频器的三相输出电压、电流。发现三相均衡，没问题。正常运行约 1h 后，电流突然增大，又出现了上述问题，这时测量三相输出电流，发现 U 相电流为 0，V 相、W 相电流为 560A，再测量接触器上端三相电压，其值均衡，但测量接触器下端时发现 U 相电压为 0，说明问题出在接触器上。拆掉接触器后，变频器可直接正常运行。检查发现接触器的 U 相接线端松动。在系统运行过程中偶尔会出现一相掉电情况，导致电动机只有 V、W 两相运行，造成三相电流严重不平衡并出现振动，最终造成变频器过载保护动作。将接触器电动机的 U 相接线端重新紧固后，变频器上电运行正常。

【实例 12】 一台艾默生 TD1000-4T0037P 变频器（功率为 3.7kW）。

故障现象： 艾默生 TD1000-4T0037P 变频器（功率为 3.7kW），在现场用"电位器"调速正常，而在控制室用"DC4～20mA"信号无法调速。

故障检修过程： 根据变频器故障现象，检查变频器的设定参数，没有发生变化，将其拆下后更换为同型号的一台变频器，将参数设定完毕，开机后故障同上，并没有消除。断电后，打开变频器外壳，用万用表测量变频器控制端子 CCI、GND 的"模拟电流"信号，数字式万用表显示其值为 10mA，原因是检修人员更换变频器，恢复二次线时，误将变频器控制端子 CCI、GND 的两根线接错位置。将变频器控制端子 CCI、GND 的两根线拆下后调换，变频器上电运行正常。

【实例 13】 一台数控车床（艾默生 EV-2000 型变频器）。

故障现象： 过电流报警（熔断器熔断、整流二极管及逆变管故障）。

故障检修过程： 通常变频器在使用过程中出现过电流故障的原因有，

① 受冲击负载、变频器输出侧短路、加减速时间太短；

② 逆变管（IGBT）损坏；

③ 控制电路或驱动电路故障。

工作过程中，一个 IGBT 短路导通，将引起同一桥臂上、下"直通"，使直流电压正负极间处于短路状态而出现过电流故障。

这类故障需要检测以下两个方面：

① 逆变管检测。逆变管 IGBT 是 MOSFET 和 GTR 相结合的产物，其主要部分与晶体管相同，也有集电极（C）和发射极（E）；驱动部分和场效应晶体管相同，也是绝缘栅结构，且 IGBT 旁边并联一个反向连接的续流二极管。由于 500 型指针式万用表 10kΩ 电阻挡黑、红表笔间的直流电压约为 11V，此电压可作为 IGBT 的栅极驱动电源（IGBT 栅极驱动电压正偏压范围为 9～17V）。因此，可用 500 型指针式万用表检测，即检测时可用 10kΩ 电阻挡测量，拿表笔（红、黑）去触发逆变管的 G、E，可使 C、E 导通。当 G、E 短路时，C、E 关断。续流二极管用指针或数字式万用表都可以检测。注意：逆变管 IGBT 对于静电非常脆弱，在检测或更换过程中，避免用手去触摸栅极，以免身上的高压静电击穿 G、E 之间的氧化膜而损坏。

② 驱动电路检测。驱动电路为逆变管栅极提供驱动电压 U_{GE}。对于 IGBT 来说，栅极、发射极的极限值为 ±20V，应用中，正偏压 $U_{GE} = 13.5～16.5V$，负偏压 $U_{GE} = -10～-5V$，允许波动率小于 10%。如果 U_{GE} 间的电压超过 ±20V，

则 IGBT 沟道内介质被击穿而损坏。检测时为避免驱动电路异常而再次损坏 IGBT，应把熔断器撤掉，采用一个几百欧的电阻（或 100W 以下白炽灯泡）串在主电路上作假负载；假负载起限流作用，当驱动电路有异常时也不会再损坏 IGBT。这样，就可以用示波器（30MHz 以上）观察驱动电压波形是否有异常。如驱动电路中的光耦失效、电解电容老化等原因，都会使驱动电路异常。损坏的小容量电解电容器、光耦等半导体元器件，用同规格型号代换；主电路整流二极管、逆变管最好采用原厂同规格型号代换，也可用额定电流、电压值相同的其他品牌型号代换。

小结：变频器一旦出现过电流故障，不要轻易再启动。首先要检测主电路晶体管（整流二极管和逆变管）是否完好。在保证晶体管完好的基础上，再检测驱动电压是否异常。在晶体管和驱动电压均正常的情况下再启动变频器。这样既可避免因晶体管故障再次引起其他晶体管损坏、驱动电压异常，也可避免因驱动电压异常而再次损坏晶体管。

10.2 森兰变频器维修实例

【实例 1】一台半闭环数控车床（广州 GSK928TC 系统，森兰 SB60G 系列变频器）。

故障现象：操作工在加工工件过程中变频电动机制动时系统显示急停报警。

故障检修过程：首先系统复位，检查变频器（型号为森兰 SB60G）参数设置没有问题，把参数初始化后试车，系统还是显示急停报警。检查操作工程序，变频电动机在制动前转速由 1000r/min 降到 600r/min，改为降到 300r/min，操作工试了 10 件又出现了报警。显然问题没有解决，检查制动电阻很热，测制动电阻阻值和接地值都正常，制动电阻上没有灰尘和油泥，接着打开制动电阻接线柱，发现有一个接线柱松动，紧固接线，试车后系统还是显示急停报警，怀疑是变频器自身故障，换一台备用同型号变频器试车，加工完多个工件后变频器不再显示报警。把换下的变频器打开，在散热风扇和散热片上有很多灰尘，把灰尘清理干净，同时把线路板上的灰尘清理干净，在另一台同型号车床上使用时发现没有报警，说明报警是由变频器散热风扇和散热片灰尘过多引起的，清理干净灰尘后变频器就恢复了正常。

【实例 2】一台半闭环数控车床（广州 GSK928TC 系统，森兰 SB60G 系列变频器）。

故障现象：操作工加工完一件工件后变频电动机制动时变频器放炮，把变频器外壳崩开。

故障检修过程：发生故障后对这台车床进行了检修，首先断开车床电源，用万用表测变频器的输入端和输出端，测量结果显示输入端和输出端都接地，于是把输出端的电动机线和输入端的电源线从变频器的端子上拆下，分别测变频电动机的电动机线和电源线的绝缘情况，测量结果显示电动机和输入电源都不接地，然后再测变频器的输入端和输出端还是接地，判定这台变频器已坏，送到总厂设备科检修，从总厂设备科拿来一台同型号变频器（变频器型号为 SB60G）换到这台车床上，按照车床电气图进行接线，接着再测新装变频器的输入端和输出端对地绝缘情况，还是接地，经过分析认为变频器线路可能还有问题没有找到，于是把变频器的所有接线都拆下，全部再测绝缘情况，测量结果发现制动电阻绝缘值只有 40Ω，其他接线绝缘正常。于是把制动电阻拆下，检查发现制动电阻左引出端卡子内侧有油泥而且左引出端卡子有电弧烧灼痕迹（这种车床制动电阻固定在车床配电箱上端），由此可以看出由于制动电阻有油泥接地导致变频器放炮损坏。把该引出端铁片打开，用酒精清洗，用电工刀把烧灼处刮干净，在引出端铁片中间垫上青壳纸，重新测量制动电阻绝缘正常了，装到车床上并用从总厂设备科取来的变频器接线试车正常。检查发现该车床与分厂滚齿机和插齿机距离很近，滚齿机和插齿机工作时，产生的少量油烟附着在电阻上，制动电阻内侧有油泥不易发现，油泥累积造成引出端接地，引起变频器故障。由此可以看出变频器和它的配套线路必须工作在良好的环境，如果变频器外围线路有故障也可能引起变频器发生故障。于是在滚齿机和插齿机上方加装了一台 600W 换气扇，及时把油烟抽走，另外就是经常检查测试，杜绝类似问题的发生。

【实例 3】一台半闭环数控车床（广州 GSK928TC 系统，森兰 SB60G 系列变频器）。

故障现象：操作工加工完一件工件后变频电动机制动时变频器放炮。

故障检修过程：首先断电，用万用表测变频器的输入端和输出端，测量结果显示输入端和输出端都接地，于是把输出端的电动机线和输入端的电源线从变频器的端子上拆下，分别再用绝缘电阻表测变频电动机的电动机线和电源线的绝缘情况，测量结果显示电动机和输入电源都不接地，说明变频器已坏。首先查找故障原因，首先测制动电阻阻值正常且不接地，接着检查变频器线路，首先测速度给定信号线良好，接着检查报警输出信号线正常，测变频器输入电压正常。为保险起见在换上备用变频器后先不接输出线（只接输入线和控制线），制动电阻线也不接，给电测试，系统给主轴正转信号，配电箱内 KA1 继电器应吸合，观察发现 KA1 指示灯不亮，但是主轴运转闪光灯亮（主轴运转闪光灯通过 KA1 动合触点吸合形成回路），说明 KA1 已经吸合。另外变频器另一个多功能端子 X1 也是通过 KA1 吸合与 GND 形成回路。在主轴正转时测这个常开触点不通，更换一个备用同型号继电器后，用万用表测 X1 与 GND 通，断电后接上输出端（变频电动机线），接上制动电阻，系统给电首先低速运转正常，然后试车高速也正常，让车工试车加工正常。

【实例4】一台半闭环数控车床（广州 GSK928TC 系统，森兰 SB60G 系列变频器）。

故障现象： 操作工在加工工件过程中经常出现急停报警。

故障检修过程： 检查变频器参数设置都正常，检查变频电动机线圈正常和线路电压正常，检测制动电阻有一端接线松动，紧固接线试车还是出现急停报警。断电拆下变频器检查，发现变频器的散热通道内有很多尘土，用气枪吹净灰尘，变频器接线试车，运行变频器不再显示报警，恢复正常，故障排除。

小结： 此故障是由于变频器散热通道进入了灰尘从而堵塞了散热通道，变频器保护产生急停报警，很多电器组件产生故障都与环境有很大关系，所以在有灰尘和油气环境中要定期对相关的电器件进行维护保养，以减少故障。

【实例5】一台半闭环数控车床（广州 GSK928TC 系统，森兰 SB60G 系列变频器）。

故障现象： 操作工在加工工件过程中经常出现急停报警。

故障检修过程： 检查变频器参数设置都正常，检查线路也正常。手动方式启动变频电动机系统不显示报警，让操作工试车系统还是显示急停报警。检查操作工加工程序，发现操作工主轴速度设定为 1800，而这种变频电动机最高设定速度是 1550，显然超过设定速度，把程序速度设在变频电动机最高速以内，车工试车，变频器恢复正常。

【实例6】一台半闭环数控车床（广州 GSK928TC 系统，森兰 SB60G 系列变频器）。

故障现象： 操作工在加工工件时发现配电箱冒烟，及时断开电源。

故障检修过程： 首先打开配电箱检查，一股热气迎面而来，这台机床用变频电动机实现无级调速，配电箱内有变频器和制动电阻，配电箱内冒烟的正是制动电阻，制动电阻热的配电箱周围都烫手，用万用表测制动电阻阻值正常，测变频器和变频电动机也正常，制动电阻为什么冒烟呢？这台车床一分钟要加工 6、7 件产品，变频电动机相应地要启动 6、7 次，制动电阻要产生大量的热量，如果通风不良制动电阻很快就会过热以至冒烟，若发现不及时，可能就会导致制动电阻损坏甚至变频器损坏，当时正是秋季，我们认为天气已凉就把配电箱内冷却用的轴流风扇关了，导致制动电阻很快就会过热以至冒烟，等制动电阻温度降下来后，合上机车床电源，系统给电，把配电箱内冷却用的轴流风扇开关合上，轴流风扇开始运转，操作工开始加工工件，我们接着观察了两个小时，机床恢复了正常。

小结：在采取一些措施时，要根据实际情况做具体安排，在秋冬季节，有大量热量产生的机床轴流风扇要继续使用，以免机床内一些配件过热造成故障。

【实例 7】一台数控车床（广州 GSK928TC 系统，森兰 SB60G 变频器）。

故障现象：主轴在低速加工中出现堵转现象，主轴转动时，输入同样转速指令，这台车床与同型号机床相比，转速偏低。

故障检修过程：首先检查变频器参数设置正常，尝试修改参数，发现机床系统面板按键不起作用，修机床按键板，试修改参数，试车又出现相同故障，准备换一台变频器试一试，在拆线过程中发现电源输入端子 R、S、T 三相中 T 相压线端子松动，拆下变频器焊接 T 相端子，重新接线，试车加工工件，不再出现主轴堵转现象，故障排除。

【实例 8】一台数控车床（广州 GSK928TC 系统，变频器为森兰 SB60G 系列）。

故障现象：主轴在运转过程中变频器放炮。

故障检修过程：断电，测变频器模块已损坏，测量制动电阻绝缘值低，摘下清洗绝缘片，安装后测制动电阻绝缘值正常，测量变频电动机阻值、绝缘值正常，用手盘动电动机轻重适中。因手头无相同型号变频器，用力士乐变频器替代，安装接线后变频器输入参数，试车，一启动就会出现过电流报警，再试还是出现过电流报警，还出现了主轴断路器跳闸，在配电箱测量变频电动机绝缘值低，在电动机接线盒处拆下电动机外接线，测电动机绝缘正常，由此可以推断电动机动力线有接地可能，逐一测电动机动力线，发现有一相绝缘值低，逐段检查发现在配电箱出口处由于蛇皮管脱落时间长造成蛇皮管磨破电动机动力线，更换电动机破损动力线，把蛇皮管重新接好，测量绝缘正常，试车，变频电动机运转正常，机床修复。

小结：有的故障点不止一处，要综合分析处理才能解决问题，排除故障。

10.3　西门子变频器维修实例

【实例 1】一台加压站恒压供水设备（西门子 6SE7036 变频器）。

故障现象：开机过一段时间后出现"F023"（逆变器超出极限温度）。

故障检修过程：经过检查线路，发现风扇熔丝损坏，导致温度过高而跳闸，更换风扇熔丝恢复正常。

【实例 2】一台加压站恒压供水设备（西门子 6SE7036 变频器）。

故障现象：变频器 PMU 面板液晶显示屏上显示字母"E"，变频器不能正常工作，按 P 键及重新停送电均无效。

故障检修过程：查相关的操作手册无相关的介绍，检查线路，在检查外接 DC24V 电源时，发现电压较低，解决后变频器恢复正常。

【实例 3】一台加压站恒压供水设备（西门子 MM3 变频器）。

故障现象：在使用过程中经常"无故"停机，再次开机时可能又是正常的。

故障检修过程：经检查、观察，发现通电后主接触器吸合不正常，有时会掉电、乱跳。查故障原因，发现是由开关电源接触器线圈的一路电源的滤波电容器漏电，造成电压偏低，更换漏电的电容器，设备恢复正常。

【实例 4】一台加压站恒压供水设备（西门子 MM3 变频器）。

故障现象：变频器所控制的三台电动机存在频繁启动、切换的现象。

故障检修过程：检查线路和参数设置，发现故障原因是加、减泵时间，加、减泵频率设置不当。设置参数时应仔细分析工况，使之在水量、压力的临界点上合理设置，即可避免上述情况。

【实例 5】一台 260kW 工频泵改为变频器控制后（采用西门子 6SE7036 变频器）。

故障现象：改造完成后，试运行时造成工频运行时的流量、水位、电量、水泵开关量都不正常的现象。

故障检修过程：经过检查分析，前三者的不正常是因为变频器的谐波干扰所致，解决办法是这些信号线都采用屏蔽线，且屏蔽层与控制板的控制地相连接。开关量不正常是因为原来信号取自接触器电压线圈，而变频时原工频继电器不能工作，现改为取自接触器辅助触点后恢复正常。

【实例 6】一台西门子 6SE48 系列变频器。

故障现象：西门子变频器显示"power supply failure"故障信息。

故障检修过程：变频器显示"power supply failure"故障信息的原因一般是变频器的直流控制电压的供电电源出现故障。具体原因有以下几种可能。

① 电源板故障，即电源和信号检测板有问题，这又分为两种情况。一种情况是直流电压超过限制值。正常所供给的直流电压有一定的上、下限，如 P24V 不能低于＋18V，P15V 为＋15V，N15V 为－15V，三者的绝对值均不能低于 13V，否则电子线路板会因无合适的直流电压而不能正常工作。这块电源板上有整流滤波等大功率环节，因此使用时间长了以后，它容易产生过热而损坏。另一种情况是开关电源的故障。针对该故障，首先用替换法检测信号检测板，若故障依旧，再检查电源板的各点电压，若电压异常，则用替换法检查电源板。

② 电容器的容量发生变化。变频器经过一段时间的运行后，其 $3300\mu F$ 的电容有一定程度的老化，电容器里的液体泄漏，导致变频器的储能有限。一般运行 5～8 年后才开始出现此类问题，这时需要对电容进行检测。当发现电容器容量降低后，必须进行更换。在电容器的更换过程中，也容易出现两个问题：一是电容器和电源板的间隙较近，中间有安装孔，电容器较易通过安装孔对电源板放电而引起故障；二是电容器的安装螺钉容易起毛刺，如果安装不牢固，也容易造成电容器放电，使变频器不能正常开机。

【实例 7】一台西门子 6SE48 系列变频器。

故障现象：西门子变频器显示"inverter u"或"inverter v 或 w"故障信息。

故障检修过程：显示该故障信息，一般为该逆变模块中的一个开关管的峰值电流 I_M 大于 3 倍的额定电流，或者逆变模块的一相驱动电路有故障。这种故障发生后，既可能造成变频器的输出端短路，也可能因不正确的设定，导致电动机振动明显。检修一般分为两种情况。

① 驱动板故障。驱动板包括一个分辨率可达 $0.001Hz$，最大频率为 $500Hz$ 的数字频率发生器和一个生成三相正弦波系统的脉宽调制器，这个脉宽调制器在恒定脉冲频率 8kHz 下异步运行。它产生的电压脉冲交替地导通和关断同一桥臂的两个开关功率器件。若驱动板发生故障，就不能正常地产生电压脉冲。针对此故障，可用替换法检查驱动板是否正常。

② 逆变模块故障。西门子变频器采用的逆变器是 IGBT，IGBT 的控制特点是输入阻抗高，栅极电流很小，因此其驱动功率小，只能工作在开关状态，不能

工作在放大状态。它的开关频率可达到很高,但抗静电性能较差。IGBT 是否出现故障,可以用万用表的电阻挡进行测量判断。具体的测量步骤如下:

a. 断开变频器的电源。

b. 断开所控制的电动机接线。

c. 用万用表测量输出端和 DC 连接端 A、D 的电阻值。通过改变万用表的极性测量两次,若变频器的 IGBT 完好,则应是:从 U2 到 A 为低阻值,反之为高阻值;当 IGBT 短路时,两次测量为低阻值。

【实例 8】 一台西门子 6SE70 系列变频器。

故障现象: 西门子 6SE70 系列变频器屏幕上无显示。

故障检修过程: 结合西门子 6SE70 系列变频器 X9 和继电器 K4 的相关电路,检查与继电器 K4 线圈并联的续流二极管 VD20,与 K4 线圈串接的二极管 VD16 击穿短路,进一步检测发现 N7 集成电路 L7824 损坏,N4 集成电路 UC3844CN 的 1 脚对地电阻为 500Ω(正常值应为 15kΩ)。更换同型号的二极管、N4 集成电路 UC3844CN、N7 集成电路 L7824 后,再根据 N4 集成电路 UC3844CN 各引脚的电压数据、N7 集成电路 L7824 各引脚的电压数据,测得 N4、N7 各引脚的电压均正常。恢复接线,变频器上电运行正常。

N4 集成电路 UC3844CN 各引脚的电压数据见表 10-4,N7 集成电路 L7824 各引脚的电压数据见表 10-5。

表 10-4 N4 集成电路 UC3844CN 各引脚的电压数据

引脚	1	2	3	4	5	6	7	8
电压/V	1.7	2.48	0	1.83	0	1.8	1.6	4.97

表 10-5 N7 集成电路 L7824 各引脚的电压数据

引脚	1	2	3
电压/V	27.5	0	23.5

【实例 9】 一台西门子 6SE48 系列变频器。

故障现象: 6SE48 系列西门子变频器显示 "pre-charging" 故障信息。

故障检修过程: 显示该故障信息的原因是变频器上电启动后,直流电压充电有一个时间上的监控,在此期间若发生不允许的情况,则预充电停止。出现这种故障时,应检修预充电元件 U1,测量预充电电阻阻值,并检查控制预充电的继电器是否能正常吸合。检修分为四种情况。

① 检查直流线部分是否短路。将电源隔离,测量 A 和 D 之间的电阻值,因

有续流二极管的并入，所以需要注意万用表的极性。如果发生短路，将电容器断开后，再测量 A 和 D 之间的电阻值，看是直流部分短路，还是变频器的某相故障。

② 检查整流桥 U1。将器件断开电源，手动接通交流接触器 K1，再在电源端测量 U1、V1、W1 对 A 和 D 之间的电阻值，即测量整流桥的二极管是否正常。

③ 检查能耗制动。断开负载电阻检查能耗制动是否正常。

④ 检查开关电源的变压器。检查变压器是否短路。

【实例 10】 一台西门子 6SE48 系列变频器。

故障现象： 6SE48 系列西门子变频器显示能耗制动过载故障信息。

故障检修过程： 显示该故障信息表示能耗制动过载，其产生的原因有再生制动电压过高，制动功率过高和制动时间过短。能耗制动器是一个附加元件。通常当负载是大惯性或位能负载时，设置有能耗制动单元，它的作用主要是在电源的开启、关断状态或加载状态时，动态地限制 D、A 线上的过电压。该变频器的能耗制动电阻器选用了 $7.5\Omega/30kW$ 的电阻。若变频器在使用多年后，由于启停次数较多，造成电阻器发热，则其阻值可能有所下降。针对此故障，检查发现变频器的能耗制动电阻器的阻值约为 7.1Ω，判断为能耗制动电阻减小而导致上述故障，进而使变频器不能正常开机。改为同功率的阻值约为 8Ω 的电阻，变频器上电运行正常。当逆变器的 IGBT 部分有故障时，会造成再生反馈电流过大，进而会导致能耗制动电阻器过载故障。

【实例 11】 一台西门子 6SE70 系列变频器。

故障现象： 一台西门子 6SE70 系列变频器显示"F011"故障信息，并跳停，且变频器有焦煳味。

故障检修过程： 测量发现 N2 第 20 脚的输出电压只有 5.1V，1 脚的输出电压为 16.5V，再检查发现 N2 第 9 脚接的 $1k\Omega$ 电阻烧坏，N5 第 1 脚接的 $100k\Omega$ 电阻变为 $20M\Omega$，3 脚外接的 10Ω 电阻变为 $2M\Omega$，触发板 A22 第 3 脚和第 4 脚接的 $4.7k\Omega$ 电阻烧坏。更换损坏的电阻后，变频器上电，N2 各引脚的电压正常；恢复接线后，变频器上电运行正常。

【实例 12】 一台西门子变频器。

故障现象： 一台西门子变频器的 PMU 显示屏无显示。

故障检修过程： 初步判断该故障为变频器开关电源故障。此变频器的开关电源采用的脉宽调制集成电路为 UC2844、首先将电源板取出，与 IGBT 分离，以避免因电源故障造成 IGBT 损坏，再找到电源板输入 DC560V 的正、负极，上电后测量发现 UC2844 的脉冲输出端有断续脉冲，UC2844 启振后的补充供电依靠的是变压器的一组电压反馈，以维持 UC2844 正常、持续的脉冲输出。测量发现开关管的集电极有一个与脉冲与驱动脉冲互为反相，证明开关管是好的。因此故障原因有可能是二次侧负载短路或反馈绕组至 UC2844 电源端的一路不正常。检查负载后发现有一个整流管短路，更换整流管后，变频器上电运行正常。

【实例 13】 一台西门子 6SE70 系列变频器。

故障现象： 一台西门子 6SE70 系列变频器有时工作正常，有时停机报警，PMU 显示屏显示 "F023" 故障信息。

故障检修过程： 变频器显示 "F023" 故障信息表示逆变器的温度超过极限温度。检查发现变频器周围的温度不高，冷却风机运转正常，也没有过载现象。首先拆下温度传感器，用万用表测量其两端的电压降，发现两个方向的电压都是 0.86V 左右，电压正常；为了证实温度传感器的好坏，把它装到另外一台变频器上，工作正常，判断问题出在信号处理回路中。检查所关联的回路，发现所有贴片电阻 R_1、R_2、R_3 的阻值都正常。再从另外一台变频器上换过一块 CPU 板，变频器上电运行后也没发现问题。试着把电容器 C_1 换掉，发现变频器上显示正常，变频器带载运行也正常。

10.4 富士变频器维修实例

【实例 1】 一台富士 FVR075G7S-4EX 变频器。

故障现象： 一台富士 FVR075G7S-4EX 变频器显示 "OC." 过电流报警信息，并跳停。

故障检修过程： 首先要排除由于参数问题而导致的故障。例如，电流限制、加速时间过短都有可能导致过电流的产生。然后判断电流检测电路是否出了问题。"OC." 过电流包括变频器加速中的过电流、减速中过电流和恒速中过电流。此故障产生的原因主要有以下几种。

① 对于短时间大电流的 "OC." 故障信息，一般情况下是由于驱动板的电流检测回路出了问题。检测电流的霍尔传感器由于受温度、湿度等环境因素的影

响，其工作点很容易发生漂移，从而导致显示"OC."故障信息。若复位后继续出现故障，则产生的原因有电动机电缆过长、输出电缆接头松动和电缆短路。

② 送电显示过电流和启动显示过电流的情况是不一样的。送电显示过电流表示霍尔检测元件损坏了。简单的判断方法是将霍尔元件与检测回路分离，若送电后不再有过电流报警则说明霍尔元件损坏。另外，当电源板损坏时，也会导致一送电就显示过电流。启动显示过电流，对于采用 IPM 的变频器而言表示模块坏了，更换新的模块即可解决问题。

③ 小容量（7.5G11 以下）变频器的 24V 风扇电源短路时也会显示"OC3"故障信息，此时主板上的 24V 风扇电源会损坏，主板的其他功能正常。若一上电就显示"OC3"故障信息，则可能是主板出了问题。若一按 RUN 键就显示"OC3"故障信息，则是驱动板坏了。

④ 在加速过程中出现过电流现象是最常见的，其原因是加速时间太短。依据不同负载情况，相应地调整加、减速时间，就能消除此故障。

⑤ 大功率晶体管的损坏也能显示"OC."故障信息。造成大功率晶体管模块损坏的主要原因有：输出负载发生短路；负载过大，大电流持续出现；负载波动很大，导致浪涌电流过大。

⑥ 大功率晶体管的驱动电路的损坏也是导致过电流报警的一个原因。富士G7S、G9S 分别使用了 PC922、PC923 两种光耦作为驱动电路的核心部分，它们内置放大电路，线路设计简单。驱动电路损坏表现出来最常见的现象就是断相，或三相输出电压不平衡。

FVR075G7S-4EX 在不接电动机运行时面板有电路显示，这时就要测试三个霍尔传感器。为确定哪一相传感器损坏，可每拆一相传感器时开一次机看是否有电流显示，以确定有故障的霍尔传感器。

【实例 2】一台富士变频器。

故障现象：一台富士变频器在频率调到 15Hz 以上时，显示"LU"欠电压故障信息，并跳停。

故障检修过程：变频器的欠电压故障是在使用中经常碰到的问题，主要是因为主电路电压太低（220V 系列低于 200V，380V 系列低于 360V）。其产生的主要原因有：整流模块某一路损坏或晶体管三路中有工作不正常的；当主电路接触器损坏，导致直流母线电压损耗在充电电阻上面时，也有可能欠电压，当电压检测电路发生故障时，也会出现欠电压问题。

首先可以检查一下输出侧电压是否有问题，然后检查电压检测电路。从整流部分向变频器输入端检查，发现电源输入端断相；由于电压表从另外两相取信号，电压表指示正常，所以没有及时发现变频器输入侧的电源断相。当输入端断相后，变频器整流输出电压下降，在低频区，因充电电容的作用还可调频，但当频率调至一定值后，整流电压下降较快，造成变频器"LU"跳闸。排除变频器输入电源侧断相故障后，变频器上电正常运行。

如果变频器经常出现"LU"欠电压报警，则可以考虑将变频器的参数初始化（H03 设成 1 后确认），然后提高变频器的载波频率（参数 F26）。若变频器出现"LU"欠电压报警且不能复位，则是电源驱动板出现了故障。

在同一电源系统的情况下，如果遇到有大的启动电流负载存在时，若电流容量一定，则电流突然间变大，而电压必须下跌，从而造成欠电压报警。其解决办法只能是增大电源容量。还有一种情况就是变频器主电源失电，但变频器的运行命令仍在，这样也会造成欠电压报警，这种情况下不是由变频器故障或电源容量不够造成的，而是由操作不当造成的。

【实例 3】一台富士 FRN160P7-4 型容量为 160kW 的变频器。

故障现象：变频器 380V 交流电输入端由低压配电所一支路馈出，经刀熔开关后由电缆供出至变频器。在运行中，变频器突然发生跳闸。

故障检修过程：检查发现变频器外围部分的输入、输出电缆及电动机均正常，变频器所配快速熔断器未断。变频器内的快速熔断器完好，说明其逆变回路无短路故障，猜测可能是变频器内进了金属异物。

首先拆下变频器，发现 L1 交流输入端整流模块上的 3 个铜母排之间有明显的短路放电痕迹，整流管阻容保护电阻的一个线头被打断，而其他部分的外观无异常。再检查 L1 输入端的 4 个整流管均完好。然后将阻容保护电阻端的控制线重新焊好。接着用万用表检查变频器主电路输入、输出端，正常；试验主控板也正常；内部控制线的连接良好。

接下来将电动机电缆拆除，空载试变频器，调节电位器，发现频率可以调至设定值 50Hz。重新接好电动机电缆。当电动机启动后调节频率的同时，测量直流输出电压，发现当频率上升时直流电压由 513V 降至 440V，使欠电压保护动作。在送电后，发现变频器的冷却风扇工作异常，接触器 K73 的触点未闭合（正常情况下，K73 的触点应闭合，应保证给充电电容提供足够的充电电流）。

最后用万用表测量配电室的刀熔开关熔断器，发现其一相已熔断，但红色指示器未弹出。更换后重新上电，一切正常。变频器内部控制电路的电压由控制变压器二次侧提供。其一次电压取自 L1、L3 两相，当 L1 断相后，会造成接在二次侧的接触器和风扇欠电压，同时还会使整流模块输出电压降低，特别是当频率跳升至一定程度时，随着负载的增大，电容器两端的电压下降较快，从而形成欠电压保护而跳闸。

【实例 4】 一台富士 FRN11P11S-4CX 变频器。

故障现象： 一台富士 FRN11P11S-4CX 变频器在清扫后启动时，显示 "OH2" 故障信息，并跳停。

故障检修过程： 变频器显示 "OH2" 故障信息表示为变频器外部故障。检查发现 "66THR" 与 "CM" 之间的短接片松动，并在清扫时掉下。恢复该短接片后，变频器上电运行正常。变频器出厂时连接外部故障信号的端子 "THR" 和 "CM" 之间应用短接片短接。因为这台变频器没有加装外保护，所以 "THR" 和 "CM" 端仍应短接。

【实例 5】 一台富士 FRN11G11-4CX 变频器拖动一台 7.5kW 电动机。

故障现象： 一台富士 FRN11G11-4CX 变频器拖动一台 7.5kW 电动机，投入运行后，跳停频繁，显示 "OLU" 故障信息。

故障检修过程： 现场检查机械部分盘车轻松，无堵转现象；参考其使用说明书，检查变频器的参数，经检查，偏置频率原设定为 3Hz 的低频运行指令而无法启动。经测定，该电动机的堵转电流达到 50A，约为电动机额定电流的 3 倍，则变频器过载保护动作。修改变频器的参数后，将偏置频率恢复成出厂值，即修改偏置频率为 0Hz，再给变频器上电，则电动机启动，运行正常。

【实例 6】 一台富士变频器。

故障现象： 一台富士变频器在减速过程中显示过电流故障信息，并跳停。

故障检修过程： 首先静态测量，初步判断逆变模块正常，整流模块损坏。整流器损坏通常是由于直流负载过载、短路和元器件老化引起的。再测量 P、N 之间的反向电阻值（红表笔接 P，黑表笔接 N）为 150Ω（正常值应大于几十千欧），说明直流负载有过载现象。因已判断逆变模块正常，所以再检查滤波大电容、均压电阻也正常。检查发现制动开关元器件损坏（短路），拆下制动开关元器件后，检测 P、N 间的电阻值正常。因此判断制动开关元器件的损坏可能是变频器的减速时间设定过短，制动过程中产生较大的制动电流而造成的，而整流模块会因长期处于过载状况下工作而损坏。更换制动开关元器件和整流模块，重新设定变频器的减速时间后，变频器上电运行正常。

10.5　安川变频器维修实例

【实例 1】一台安川 616P5 变频器。

故障现象：一台安川 616P5 变频器，在线停机 4 个多月后恢复运行，发现在开机后的整个运行过程中，显示输出频率仪表的数值不变化。

故障检修过程：该变频器能运行在 50Hz 的工频下且输出 380V 的电压，表明功率模块输出正常，控制电路失常。616P5 是通用型变频器，它的控制电路的核心元件是一块内含 CPU 的产生脉宽调制信号的专用大规模集成电路 L7300526A。该变频器通常处在远程传输控制中，从控制端子接受 4~20mA 的电流信号。根据通用变频器的工作原理，则该频率设定不可调的故障现象可能是由两个单元电路引起的：A-D 转换器；PWM 的调制信号。

为检测 A-D 转换电路，可采用排斥法，即首先卸掉控制端子的相关电缆，改用键盘输入频率设定值，结果显示故障现象依旧。

再采用比较法检测，即用 MODEL100 信号发生器分别从控制端子 FI-FC、FV-FC 输入 4~20mA，0~10V 模拟信号，结果显示故障现象依旧。从键盘输入的参数是通过编码扫描程序进入 CPU 系统的，通过排斥法和比较法的检测，可以确认 A-D 转换电路正常。下面先了解一下芯片 L7300526A。芯片 L7300526A 采用数字双边沿调制载波方式产生脉宽调制信号，再由该信号启动由晶体管功率模块构成的三相逆变器。载波频率等于输出频率和载波倍数的乘积。对于载波倍数的每个值，芯片内部的译码器都保存一组相应的 δ 值（δ 值是一个可调的时间间隔量，用于调制脉冲边沿）。每个 δ 值都是以数字形式存储的，与它相应的脉冲调制宽度由对应数值的计数速率所确定。译码器根据载波频率和 δ 值调制，最终得出控制信号。译码器总共产生 3 个控制信号，每个输出级分配 1 个，它们彼此相差 120° 相位角。616P5 的载波参数 n050 设定的载波变化区间分别是 [1、2、4~6]、[8]、[7~9]。[1、2、4~6] 载波频率＝设定值×2.5kHz（固定）。输出频率＝载波频率/载波倍数。根据 616P5 的载波参数 n050 的含义，重新核查载波设定值，结果发现显示输出的是一个非有效值"10"且不可调（616P5 载波变化区间的有效值为 1~9），由此可知输出频率仪表数值不变化的故障显然与载波倍数的 δ 有关。

载波在一个周期内有 9 个脉冲，它的两个边沿都用一个可调的时间间隔量 δ 加以调制且使 $\delta \propto \sin\theta$（$\theta$ 为未被调制时载波脉冲边沿所处的时间，称为相位角）。当 $\sin\theta$ 为正值时，该处的脉冲变宽；当 $\sin\theta$ 为负值时，该处的脉冲变窄。输出的三相脉冲边沿及周期性显然为 $\delta \propto \sin\theta$ 所调制。变频器容量在基频下运行，载波调制的脉冲个数必然要足够得多。在一个周期内载波脉冲的个数越多，线电压平均值的波形越接近正弦。

综上所述，载波调制功能的正常与否直接影响功率晶体管开关频率的变化，从而影响输出电压（频率）的变化。该故障的根本原因是 L7300526A 的 CPU 系统内部的译码器 δ 调制程序异常。电磁干扰等因素都有可能造成 CPU 异常。更换 ETC615162-S3013 主控板后，变频器上电运行正常。

【实例 2】 安川 616C5（616P5）变频器。

故障现象：变频器有时会显示"OH1"故障信息，并跳停，导致变频器不能正常运行。

故障检修过程：首先检查变频器的散热风扇是否运转正常，再检查风扇及变频器的温度、电流传感器均正常（对于 30kW 以上的变频器而言，在变频器内部有一个散热风扇，此风扇的损坏也会导致"OH1"报警）。再检查发现位于变频器里面（模块上头）的一个三线（带有检测线）风扇损坏。更换三线风扇后，变频器上电运行正常。

【实例 3】 一台安川变频器。

故障现象：安川变频器显示"SC"故障。

故障检修过程："SC"故障是安川变频器较常见的故障。IGBT 模块损坏是导致"SC"故障报警的原因之一。IGBT 模块损坏的原因有多种，首先是外部负载发生故障而导致损坏，如负载发生短路、堵转等；其次，驱动电路老化也有可能导致驱动波形失真或驱动电压波动太大而导致 IGBT 模块损坏，从而导致"SC"故障报警。此外，电动机抖动，三相电流、电压不平衡，有频率显示却无电压输出，这些现象都有可能使 IGBT 模块损坏。

判断 IGBT 模块是否损坏，最直接的方法是采用替换法。替换新 IGBT 模块后，应对驱动电路进行检查，这是因为驱动电路的损坏也容易导致"SC"故障报警。安川变频器在驱动电路的设计上，上桥使用了驱动光耦 PC923（这是专用于 IGBT 模块的带有放大电路的一款光耦），下桥的驱动电路则采用了光耦 PC929（这是一款内部带有放大电路及检测电路的光耦）。

10.6　英威腾变频器维修实例

【实例 1】 一台英威腾 INVT-G9-004T4 变频器。

故障现象： 英威腾 INVT-G9-004T4 变频器上电后显示面板显示"H.00"，面板上的所有按键操作失灵。

故障检修过程： 英威腾 G9/P9 变频器设置的保护特点是，上电检测功率逆变输出部分有故障时，即使未接收起/停信号，仍出现 SC 输出端短路故障信息，所有操作均被拒绝；上电检测到由电流检测电路来的过电流信号时，显示"H.00"，此时所有操作仍被拒绝；上电检测到有热报警信号时，其他大部分操作可进行，但启动操作被拒绝，CPU 判断输出模块仍在高温升状态下，等待其恢复常温后，才允许启动运行。而对于模块短路故障和过电流性故障，为保障运行安全，所有操作都将被拒绝。但此保护性措施常被认为是程序进入了死循环，或是 CPU 外围电路出现了故障，如复位电路、晶振电路异常等。静态检查变频器的逆变功率模块，发现其损坏，再检查驱动电路，无异常。更换功率模块后，变频器上电运行正常。

【实例 2】 一台英威腾 P9/G9-55kW 变频器。

故障现象： 一台英威腾 P9/G9-55kW 变频器上电无显示。

故障检修过程： 静态检查输入整流模块与输出逆变模块，它们均无损坏，再检查开关电源，发现其无输出，而且开关管 3844B 损坏，开关电源输入端的铜箔条及开关管漏极回路的铜箔条都已经与基板脱离，由此说明此回路承受了大电流冲击。

更换开关管与 3844B 后，给开关电源先输入 220V 直流电源，不起振，检查开关电源输出回路，无短路现象；再给开关电源先输入 500V 直流电源，上电后即烧坏开关电源的熔断器 FU1，更换熔断器后上电，输入 300V 直流时，不起振。当电源的负载电路有短路故障时，开关电源往往不能起振，由此初步判断为起振后开关管回路存在短路故障。

仔细观察开关电源的电路板，该电路板为双面电路板。电源引入端子在电路板的边缘，正面为正极引线铜箔条，反面为负极引线铜箔条，检查发现电路板边缘＋、－铜箔条之间有一条"黑线"，由于潮湿天气，使电路板材的绝缘值降低，引起＋、－铜箔条之间跳火，电路板碳化。当电源电压低于某值时，电路板不会击穿，高于 500V 时便使碳化电路板击穿，烧掉熔断器。烧熔断器的原因并非起振后开关管回路有短路故障，而是由电路板碳化引起的。清除电路板边缘的碳化物并做好绝缘处理，给开关电源先输入 500V 直流电源时，熔断器的熔体不再熔断，但不能起振。检查 3844B 供电支路的整流二极管 VD38（LL4148），发现已损坏，更换后，变频器上电运行正常。

【实例 3】 一台英威腾 INVT-G9-004T4 变频器。

故障现象： 英威腾 INVT-G9-004T4 变频器显示"死机"故障。

故障检修过程： 检测变频器 R、S、T 与主直流电路 P、N 之间呈开路现象，拆机检查，发现模块引入的铜箔条已被电弧烧断，模块的三相电源引入端子已短路。判断故障原因为三相电源产生了异常的电压尖峰冲击，导致变频器模块内的整流电路击穿短路，而短路产生的强电弧烧断了三相电源引入的铜箔条。

检测模块的逆变部分，正常，观察模块也无鼓出、变形现象，因此采取切断模块的整流部分，另外加装三相整流桥，仍利用原模块内的三相逆变电路进行试运行的措施。为防止异常现象的发生，先切断模块逆变部分的供电，再从外部加一个 500V 直流电压，上电，操作面板显示"H.00"，所以操作全无效。

当模块损坏时，本型号变频器的上电模块短路检测功能生效，CPU 拒绝所有操作，解除掉逆变部分返回的 OC 信号，再上电现象依旧。测量故障信号汇集处理电路 U7-HC4044 的 4、6 的过电流信号，皆为负电压，而正常时的静态电压应为 +6V。接下来检测电流信号输入放大 U12D 的 8、14 脚电压，为 0V，正常；U13D 的 14 脚为 -8V，有误，过电流信号输出。将 R_{151} 焊开，断开此路的过电流故障信号，发现操作面板的所有参数设置均正常，但起/停操作无反应。

再检测模块的热报警端子电压，为 3V。从电路分析，此电压的正常值应为 5V 左右。试将热报警输出的铜箔条切断后，发现操作面板的启/停操作生效了。

最后清理三相电源的铜箔条引线，并做好清洁和绝缘处理。更换逆变模块后，检测发现驱动电路正常。恢复过电流报警信号、过热故障信号回路后，变频器上电运行正常。

参 考 文 献

[1] 刘美俊. 变频器应用与维修. 北京：电子工业出版社，2009.

[2] 肖朋生等. 变频器及其控制技术. 北京：机械工业出版社，2008.

[3] 张燕宾. 变频器应用教程. 北京：机械工业出版社，2007.

[4] 王建等. 变频器实用技术（西门子）. 北京：机械工业出版社，2012.

[5] 张选正等. 变频器应用技术与实践. 北京：中国电力出版社，2009.

[6] 杜增辉等. 变频器选型、调试与维修. 北京：机械工业出版社，2018.

[7] 孙克军. 维修电工技能速成与实战技巧. 北京：化学工业出版社，2017.

[8] 王兆义等. 变频器应用——专业技能入门与精通. 北京：机械工业出版社，2012.

[9] 张选正、张金远. 变频器应用技术与实践. 北京：中国电力出版社，2009.

[10] 石秋洁. 变频器应用基础. 第 2 版. 北京：机械工业出版社，2013.

[11] 陈国呈等. 变频驱动技术及应用. 北京：科学出版社，2009.

[12] 冯垛生. 变频器实用指南. 北京：人民邮电出版社，2006.

[13] 魏连荣. 变频器应用技术及实例解析. 北京：化学工业出版社，2008.

[14] 邢建中. 施耐德变频器的应用. 北京：机械工业出版社，2011.

[15] 满永奎、韩安荣. 通用变频器及其应用. 北京：机械工业出版社，2012.

[16] 仲明振等. 低压变频器应用手册. 北京：机械工业出版社，2009.